水利水电工程与检测技术应用

孔登锋　付文俊　王　飞　主编

汕頭大學出版社

图书在版编目（CIP）数据

水利水电工程与检测技术应用 / 孔登锋，付文俊，王飞主编．-- 汕头：汕头大学出版社，2024．5．
ISBN 978-7-5658-5309-8

Ⅰ．TV5

中国国家版本馆 CIP 数据核字第 2024QV1806 号

水利水电工程与检测技术应用

SHUILI SHUIDIAN GONGCHENG YU JIANCE JISHU YINGYONG

主　　编：孔登锋　付文俊　王　飞
责任编辑：黄洁玲
责任技编：黄东生
封面设计：刘梦杳
出版发行：汕头大学出版社
　　　　　广东省汕头市大学路 243 号汕头大学校园内　邮政编码：515063
电　　话：0754-82904613
印　　刷：廊坊市海涛印刷有限公司
开　　本：710mm × 1000mm　1/16
印　　张：10.5
字　　数：180 千字
版　　次：2024 年 5 月第 1 版
印　　次：2024 年 7 月第 1 次印刷
定　　价：58.00 元
ISBN 978-7-5658-5309-8

编委会

主　编　孔登锋　付文俊　王　飞

副主编　朱　磊　黄　涛　王　纲

张　洁　翟昌楠　朱亚君

张弓平

前　言

PREFACE

水利水电工程地质作为工程地质的一个重要分支，有其自身的复杂性和特殊性。水利水电工程具有以下一些主要特点：一是类型的多样性。水工建筑物的形式有各种类型，就是同一类型，其设计形式也不一定相同，没有标准化设计；建筑物的规模千差万别，既有特大型工程，也有小型工程；功能是多样的，有以发电为主的，有以灌溉为主的，也有各种功能综合的。二是水利水电工程的不可破坏性。水利水电工程的核心建筑是水库，一旦破坏失事，对下游的影响是不可估量的，因此对建筑物的安全系数要求很高。三是水利水电工程的亲水性。水利水电工程一般由储水、输水、泄水建筑组成，水工建筑物都是与水打交道的，对容水有非常高的和特殊的要求，特别是对地基的工程地质和水文地质条件比一般的建筑物要求更高。因此，水利水电工程地质勘察既有工程地质勘察，也有水文地质勘探，还有地震、地质灾害评价等诸多要求，相当多的水利水电工程在建筑物的选址甚至建筑物规模的选择上，工程地质条件起到了至关重要的作用。自新中国成立以来，我国开展了大规模的水利水电工程建设，修建了数以万计的各类水库和水电站，特别是在建设葛洲坝、小浪底、三峡、南水北调等一大批大型水利水电工程时，进行了大量的工程地质勘察工作，取得了丰硕的工程地质研究成果，获得了许多成功经验，为我国水利水电工程地质学科的发展奠定了坚实的基础。

水利水电工程直接关系到国计民生，而水利水电工程质量控制和检测则是水利水电工程建设中极为重要的一项工作，其试验方法是否科学、试验结果是否准确关系到整个工程的质量，如何做好质量控制和检测工作，提高水利水电工程现场试验检测人员的技能水平，是一直以来工程建设管理人员工作的重点。本书旨在为从事水利水电工程试验人员提供交流学习的平台，提高现场试验人员的试验水平和专业能力，使试验人员能够更好地掌握试验技能，适应水利水电工程建设快速高效发展的需要。

本书围绕“水利水电工程与检测技术应用”这一主题，以水利水电建设工程为切入点，由浅入深地阐述了水利水电工程建设与开发、防洪治河工程、土石坝蓄水枢纽工程，并系统地论述了水利水电工程的作用、水利水电工程地质勘察技术，诠释了水利工程建筑材料检测基础知识、水电工程土建通用试验与检测等内容，以期为读者理解与践行水利水电工程与检测技术应用提供有价值的参考和借鉴。本书内容翔实、条理清晰、逻辑合理，兼具理论性与实践性，适用于从事相关工作与研究的专业人员。

由于时间仓促，加之作者水平有限，书中疏漏和不妥之处在所难免，恳请各位同行或读者批评指正。

目　录

CONTENTS

第一章　水利水电建设工程概述

第一节　水利水电工程建设与开发

一、水利水电基本建设

（一）含义

基本建设是指利用国家预算内的基建拨款、贷款以及自筹和专项资金，以扩大生产能力或新增工程效益为主要目的的新建、扩建工程及有关工作。简单地说，就是在社会再生产的过程中，凡从事固定资产再生产活动的都被称为基本建设，如我们通常进行的水利水电工程建设、交通、能源开发、房屋建筑等。

（二）分类

基本建设的分类方法较多，常用的分类方法如下：

1.按照项目的性质分类

（1）新建项目。即为经济、科技和社会发展而平地起家的项目。

（2）扩建项目。即为扩大生产能力或新增效益而扩大电站装机，增建分厂、主要生产车间、铁路干支线、开关站间隔等的项目扩建。

（3）迁建项目。即为改变生产力布局而进行的全厂性迁建项目。

（4）恢复性项目。即因遭受各种灾害毁坏严重，需要重建整个企业的恢复性项目。

2.按照项目的规模、效益及在国民经济中的地位分类

根据工程规模、效益和在国民经济中的重要性，水利水电枢纽工程可划分为五个等级。其所属水工建筑物，根据它们在工程中的作用和重要性亦划分为五级。

二、水能的开发和利用方式

（一）水资源的综合利用

1.水资源综合利用的原则

水资源是国家宝贵的自然资源，在许多方面都有巨大的利用价值。同水资源关系密切的主要国民经济部门包括水力发电、防洪与排涝、农田灌溉、工业和民用给水、航运、水产、竹木浮运、水利卫生、环境改良与旅游等，这些均属于水资源有关的兴利部门。不同的兴利部门对水资源的利用方式各不相同。例如，灌溉、给水要耗用水量，水力发电只利用水能，航运则依靠水的浮载能力，水产却要利用水面面积和水的体积，等等。这就有可能也有必要使同一河流或同一地区的水资源同时满足几个不同水利部门的需要，并且将除水害与兴水利结合起来统筹解决。这种开发利用水资源的方式，称为水资源的综合利用。

上述经济部门各有其自身的特点，对水资源的开发利用各有其不同的要求，同时彼此之间也存在一定的矛盾。例如，在河流上筑坝建造水库时，防洪、灌溉和发电之间就存在库容的划分和运用上的矛盾。从防洪的角度看，要求在总库容中占有较大部分的防洪库容，每年汛期前，水库水位尽可能放低一些，以便在汛期时多容纳一些洪水。但从发电和灌溉的角度看，则要求在总库容中有较大的兴利库容，以增加蓄水量，提高发电和灌溉的效益。发电和灌溉之间也存在矛盾，从水库运用上来说，发电要求水库按照电力用户的负荷变化来供水；而灌溉则要求水库按照农作物需水情况来供水，显然发电与灌溉两种要求在供水数量、时间上都存在矛盾。此外，在实现河流的综合利用中，还存在着上下游之间、左右岸之间、干支流之间等地域上的矛盾。例如，提高下游的防洪标准，往往会增加上游的淹没损失；左岸引水多了，右岸引水就要减少；上游用水多了，下游用水也须减少，等等。

为了实现河流水资源的综合利用，必须在统一领导下做好河流的流域规划

工作，从全局出发，正确处理除害与兴利、工业与农业、需要与可能、近期与远景、干流与支流、上游与下游各方面的关系。按照国民经济有关部门的要求，并考虑到因河流特性的改变对于环境保护及生态平衡的影响，作出河流综合治理与开发利用的全面规划，分清综合利用的主次任务和轻重缓急，妥善处理相互之间的矛盾，力求做到以最少的投入来最有效地开发水资源，综合满足各有关部门和地区的要求，取得整个流域地区经济的最大效益，这就是水资源综合利用的原则。

2.各需水部门的特点、用水要求及相互关系

（1）水力发电。水力发电通常是水资源开发利用的一个重要的用水部门。一方面，水力发电可提供大量的廉价电力，有力地促进该地区工农业的发展；另一方面，从需水的特点看，水力发电只利用水流所含的能量，其本身不会消耗水量，发电后的尾水仍可供下游其他部门使用，使之发挥综合利用的效益。为了发电的需要，通常要修筑挡水坝或引水渠道等水工建筑物，用以集中水头并形成调节径流的水库。发电用水取决于用电要求，一年内变化较均匀。

（2）灌溉。农业灌溉是一个耗水部门，其耗水定额与灌溉制度、作物种类、土壤性质、气候因素等有关。灌溉后的水量大部分因蒸发、渗漏而消耗掉，只有一小部分的水经渗透回归河中。灌溉属于季节用水户，年内用水变化较大。灌溉有自流灌溉和提水灌溉两种，自流灌溉对引水高程有一定的要求，提水灌溉则有较大的灵活性。

灌溉用水耗水量大，与其他需水部门的矛盾最为突出。利用水库调节可以提高枯水期的灌溉水量，如在水电站上游取水灌溉，将减少发电用水，从而降低水电站的出力和发电量。如在水电站下游取水灌溉，可先发电后灌溉，但在引水高程、灌溉时间及需水量方面常常与发电存在一定的矛盾，需要合理地设计和安排。

（3）防洪。在我国，多数河流属于雨源型河流，由于雨量在时间上分布不均匀，容易发生暴雨洪水，造成灾害。因此，开发利用河流水资源时，大多要求解决防洪问题。防洪部门既不是水的消费者，也不是水的利用者，而只是在洪水季节限制下泄流量，以防止发生洪水灾害。

防洪与兴利都要求水库蓄水以调节径流，但在实际运用时也常存在争夺库容的矛盾。防洪要求水库预留较大的防洪库容，以存蓄洪水，但减少了兴利库容；

兴利部门则要求有较大的兴利库容，但减少了防洪库容。防洪库容与兴利库容的结合程度，取决于洪水预报的精度。

防止洪水灾害的措施中除利用水库的防洪库容来调节洪水外，还有修筑堤防、疏浚河道、利用湖泊洼地蓄洪与分洪，这些均可提高防洪能力。

（4）航运。航运用水的特点是：不消耗水量，但要求保持河中一定的航深，以利通航。

修建水利枢纽的任务之一是扩大河流的通航能力，提高通航船只吨位，以适应航运的发展要求。在这种情况下，修建水库调节径流，应保证泄放维持规定航深的最小流量，同时必须考虑船只过坝设施，如建造船闸或升船机等通航建筑物，以保证枢纽上下游之间的通航。

船闸用水不能用来发电，但它的需水量不大。航运与发电的矛盾主要表现在用水方式上，航运有固定放流的要求，对水电站的运行方式和效益有一定的影响。

（5）工业与民用给水。工业与民用给水是一个耗水部门，在开发利用水资源时，应优先予以满足。工业与民用给水一般为常年性用水户，用水量比较均匀。同灌溉一样，当它自上游取水时，会减少发电用水，但与发电用水量相比，其一般用水量不大。

以上五个综合利用部门是水资源综合利用的主要项目。对于一个水利工程应该开发哪些项目，它们之间的主次关系如何，应根据当地的实际情况和需要，通过不同方案的分析来确定。至于水库养鱼、木材流放、水利卫生、改善环境等综合利用开发项目，也应尽量满足要求，以充分发挥工程的综合效益。

（二）水力发电的基本原理

天然河道中水流经常冲刷河岸及河底，并挟带大量的泥沙和砾石，从上游流向下游。这是由于沿河道流动着的水流中蕴藏着一定的能量，这种能量在自然条件下，消耗在冲刷河床、推移泥沙及克服摩擦力中。若采用人工措施，控制水流，集中落差，减少损耗，利用水能来为人类生产服务，就是水能的开发利用。

筑坝或闸拦截水流，形成水库，抬高上游水位，集中落差形成水头，水能即蕴藏其中。然后在坝后修建水电站，用压力水管将水流引入水轮机，使水轮机转动，将水能转换成机械能，通过水轮机带动发电机，将机械能转换成电能，再用高压输电线将电能送入电网或直接送给用户使用。这就是水力发电的基本过程。为了实现水能转换成电能而修建的水工建筑物和所安装的水轮机发电机组及其附属设备的总体，就称为水电站。

第二节　防洪治河工程

河流与人类的生产和生活有着密切的关系，如防洪、灌溉、航运、供水、气候和环境等，都与国民经济紧密相关。随着社会经济的发展，人类对河流除害兴利的要求日益提高，治理河道也就成为现代化建设的重要部分。

河道整治的目的除防止洪水灾害外，还有航运、取水、保护滩地等方面。河道整治的目的不同，具体措施也不尽相同。如以防洪为目的进行河道整治，多用修建护岸工程和控导工程的办法来保护河岸，控导河势。以航运为目的的河道整治，多用枯水整治建筑物来保证航行安全。

一、防洪工程

（一）防洪减灾措施及规划

洪水是一种自然现象。广义上讲，凡超过江河、湖泊、水库、海洋等容水体的承纳能力，造成水量剧增或水位猛涨，通称为洪水。按其起因不同，洪水主要有暴雨洪水、融雪洪水、冰凌洪水、溃坝洪水，以及山洪、泥石流、海啸、风暴潮等不同类型。

1.防洪目标

防洪是指人类在与洪水做斗争的过程中，为防止洪水灾害的发生和最大限度地减轻洪灾损失，确保人民的生命财产安全、生态环境不受损害，以及经济社会可持续发展所采取的一切手段和措施。防洪的目的在于防灾减灾，故防洪常被称为防洪减灾。

现阶段我国防洪减灾工作体系的总体目标是：当江河发生常遇和较大洪水

时，防洪工程设施能有效运用，国家经济活动和社会活动不受影响，保持正常运作；在江河遇大洪水和特大洪水时，有预定方案和切实措施，使国家的经济活动不致发生动荡，不致影响国家长远计划的完成或造成严重的环境灾难。

2.防洪减灾措施

防洪减灾措施是指防止或减轻洪水灾害损失的各种手段和对策，包括工程措施和非工程措施两类。

（1）工程防洪措施，是指通过采取工程手段控制调节洪水，以达到防洪减灾的目的。它主要包括水库工程、蓄滞洪工程、堤防工程、河道整治工程四大方面，通过这四个方面措施的合理配置与优化组合，形成完整的江河防洪工程体系。

现阶段，我国主要江河的洪水治理方针一般是“拦、蓄、分、泄，综合治理”。如黄河的“上拦下排，两岸分治”，松花江的“蓄泄兼施，堤库结合”，长江的“蓄泄兼筹，以泄为主”及“江湖两利，左右岸兼顾，上、中、下游协调”等原则。通过在上游地区干、支流修建水库拦蓄洪水，配合水土保持措施控制泥沙入河，在中、下游修筑堤防和进行河道整治，充分发挥河道的排泄能力，并利用河道两岸的分蓄洪区分滞超额洪量，以减轻洪水的压力与危害。

（2）非工程防洪措施是逐步研究形成的一种防洪减灾的新概念。它是通过行政、法律、经济和现代化技术等手段，调整洪水威胁地区的开发利用方式，加强防洪管理，以适应洪水的天然特性，减轻洪灾损失，节省防洪基建投资和工程维修管理费用。

3.防洪减灾规划

防洪减灾规划属于江河流域总体规划的一个组成部分，是针对某一流域或地区的洪水灾害而制定的综合防治方案。其目的是全面提高江河流域或地区抗御洪水的能力，保障人民的生命和财产安全，创造安宁的生产生活环境和良好的生态环境，促进社会经济可持续发展。其任务是根据流域或地区的社会经济发展需要，并结合其自然地理条件，以及洪水与洪灾特性，按照《中华人民共和国水法》和《中华人民共和国防洪法》及国家有关文件、规范等的规定，提出工程措施和非工程措施相结合的防洪整体方案及建设程序，作为安排水利建设计划，进行工程设计和从事防洪管理、防汛调度等各项水事活动的基本依据。

（二）河道堤防工程

堤防是沿河流、湖泊、海洋的岸边或蓄滞洪区、水库库区的周边修筑的挡水建筑物。它是人类自古以来广泛采用的一种重要的工程防洪措施，也是我国各大江河防洪工程体系的重要组成部分。

1.堤防的种类和作用

堤防按其所在位置不同，可分为河堤、湖堤、海堤、围堤和水库堤防五种。因彼此工作条件不尽相同，故其断面设计要求略有差别。

（1）河堤位于河道两岸，用于保护两岸田园和城镇不受洪水侵犯。因河水涨落较快，高水位持续历时一般不长，其承受高水位压力的时间不长，堤内浸润线往往难以发展到最高洪水位的位置，故断面尺寸相对较小。

（2）湖堤位于湖泊四周，由于湖水水位涨落缓慢，高水位持续时间较长，且水域辽阔，风浪较大，故其断面尺寸应较河堤为大。此外，临水面要求有较好的防浪护面，背水面须有一定的排渗措施。

（3）海堤又称海塘、海堰或海堆，位于河口附近或沿海海岸，用以保护沿海地区坦荡平衍的田野和城镇乡村免遭潮水海浪袭击。海堤主要在起潮时或风暴激起海浪袭击时挡水，高水作用时间虽不长，但潮浪的破坏力较大，特别是强潮河口或台风经常登陆地区，因受海流、风浪和增水影响，故其断面应远较河堤为大。海堤临水面一般应设有较好的防浪消浪设施，或采取生物与工程相结合的保滩护堤措施。

（4）围堤修建在蓄滞洪区的周边，在蓄滞洪运用时起临时挡水之用，其实际工作机会虽远不及河堤、湖堤那样频繁，但其修建标准一般应与河流干堤相同。

（5）水库堤防位于水库回水末端及库区局部地段，用于限制库区的淹没范围和减少淹没损失。库尾堤防常需根据水库淤积引起翘尾巴的范围和防洪要求适当向上游延伸。水库堤防的断面尺寸应略大于一般河堤。

2.河堤的种类和作用

河堤按其所在位置和重要性不同，又有干堤、支堤和民堤之分。干堤修建在大江大河的两岸，标准较高，保护重要城镇、大型企业和大范围地区，由国家或地方专设机构管理。支堤沿支流两岸修建，防洪标准一般低于同流域的干堤。但有的堤段因保护对象重要，设计标准接近甚至高于一般干堤，如汉江下游堤防和武汉市区堤防，黄河支流渭河、沁河等堤防。民堤，民修民守，保护范围小，抗洪能力低，如黄河滩的生产堤、长江中下游洲滩民垸的围堤等。

在黄河上，河堤常分为遥堤、缕堤、格堤、越堤和月堤五种。遥堤即干堤，距河较远，堤高身厚，用以防御一定标准的大洪水，是防洪的最后一道防线。缕堤又称民埝，距河较近，堤身低薄，保护范围较小，多用于保护滩地生产，遇大洪水时允许漫溢溃决。格堤为横向堤防，连接遥堤和缕堤，形成格状。缕堤一旦溃决，水遇格堤即止，受淹范围限于一格，同时防止形成顺堤串沟，危及遥堤安全。越堤和月堤皆依缕堤修筑，呈月牙形。当河身变动远离堤防时，为争取耕地修筑越堤；当河岸崩退逼近缕堤时，则筑建月堤退守新线。

3.堤防工程的防洪标准及级别

堤防工程的防洪标准，又称堤防工程设计洪水标准，用以衡量堤防工程承受洪水的能力。在堤防工程规划设计时，可取防护区内要求较高的防护对象的防洪标准。堤防工程的级别与其防洪标准有关。例如，根据国务院批准的《长江流域综合利用规划要点报告》，长江中、下游堤防分为三类：第一类是荆江大堤、南线大堤、汉江大堤、无为大堤以及沿江重点城市堤防，为一级堤防；其他大部分长江干堤，洞庭湖、鄱阳湖重点坑堤以及汉江下游堤防为二级堤防；其他堤防，洞庭湖、鄱阳湖等蓄洪区堤防为三至四级堤防。不同级别的堤防其建设标准不同。

（三）水库防洪工程

水库是广泛采用的工程防洪措施之一。根据其所承担的防洪任务的不同，水库可分为两类：一是专用于防洪的水库；二是防洪与兴利相结合的水库。前者为数不多，后者最为常见，具有防洪、发电、灌溉、航运、渔业等多项功能，其中防洪往往居首位。在流域性防洪减灾系统中，水库与其他工程、非工程防洪措施共同负责全流域的防洪减灾任务。水库防洪标准反映了水库抗御洪水的能力。它常分为水工建筑物的防洪标准和下游防护对象的防洪标准两类。

1.水工建筑物的防洪标准

这是为确保大坝等水工建筑物安全的防洪设计标准。对于永久性水工建筑物，按其运用条件，规范中有两种情况。一种是设计标准，又称正常标准，它被用来决定水库的设计洪水位。当这种洪水发生时，水库枢纽的一切工作要维持正常状态。另一种是校核标准，它被用来决定校核洪水位。在这种标准的洪水发生时，可以允许水库枢纽的某些正常工作和次要建筑物暂时遭到破坏，但必须确保主要建筑物（如大坝、溢洪道等）安全。

2.下游防护对象的防洪标准

当水库承担下游防洪任务时，需考虑下游防护对象的防洪标准。在该标准洪水发生时，经水库调蓄后，使通过下游防洪控制点的流量不超过河道的允许泄量（安全泄量）。当下游防护对象距水库较远，水库至防洪控制点之间的洪水较大时，控制水库泄量还应考虑区间洪水遭遇问题。规划时，防护对象的防洪标准应根据防护地区的重要性、历次洪灾情况及其对社会经济的影响，按照国家规定的防洪标准，经分析论证并与有关部门协商选定。

（四）分蓄洪工程

我国现阶段的江河堤防工程只能防御常遇的设计标准洪水，对于可能出现的超标准洪水，除可以利用上游修建的水库拦蓄一部分外，还需依靠平原地区安排的各类分蓄洪区就地蓄纳一部分。因此，分蓄洪区是我国江河防洪减灾体系中不可或缺的重要组成部分。

1.水工建筑物的布置

蓄洪工程的水工建筑物主要包括进洪闸、泄洪闸、围堤工程及主河道防护工程等。

进洪闸的位置一般布置在被保护堤段上游，并尽量靠近分蓄洪区。闸的规模由最大分洪流量决定，且结合工程造价及经济情况考虑。因为该闸并不经常使用，修建标准不宜过大，若遇特大洪水，可在附近临时扒开围堤增加进洪量。

泄洪闸的位置应选在分蓄洪区的下部高程最低处，以便能泄空渍水。闸的规模主要取决于需要排空蓄水时间的长短及错峰要求。对于运用概率很小的分蓄洪区，也可不建闸而采取临时扒口的措施泄洪，或建闸与临时扒口两者配合使用。

在分洪区范围已圈定的情况下，围堤高度由最大蓄洪量相应的水位及风浪影响作用决定，断面设计要求与河道堤防相同，迎水面应修建防浪设施。

在分洪口门附近河段，因分洪时水面降落，坡比降变陡，流速增大，有可能引起河岸冲刷，甚至引起口门河段的河势变化，故需加固口门上下游的堤岸，必要时应辅修控导工程。

2.我国分蓄洪区的特点及其存在的问题

（1）蓄滞洪区地处江河中、下游，大多数系在湖泊、洼地基础上建设形成，具有蓄洪、垦殖双重目的，防洪、生产需兼顾。

（2）工程设施相对简陋，管理粗放，防洪标准不高。有的分蓄洪区标准低，启用频繁，生产、生活基地不稳固，经济发展速度和当地群众生活质量低于其他地区。

（3）随着社会经济的发展，区内财富逐年增加，分洪损失愈来愈大，而补偿机制不健全。有的蓄滞洪区不但有肥沃的农田，而且有繁荣的城镇。有的蓄滞洪区是商品粮基地，有的分布有大型工矿、企业和油田。因此，一些蓄滞洪区在决策运用时往往举棋难定，总希望力求保住不用。

（4）区内安全建设缓慢，安全设施容量有限。目前，长江、黄河、淮河、海河蓄滞洪区安全设施只能低标准满足区内1/4～1/3人口的临时避险，分洪前有大量人员、财物需要转移。

（5）工程建设不完善，排水设施不配套。大部分蓄滞洪区没有进、退水闸，分洪较难适时、适量，退水无法控制，不能满足分洪运用和快速恢复生产的需要。

二、治河工程

河流由于具有可动的边界条件（特别是冲积河流）和不恒定的来水来沙条件，总是处于不断的变化过程中。在许多情况下，这种变化可能会对河流两岸人们的生存环境和生产环境产生巨大的破坏作用，因而必须采取工程措施加以控制，这类工程措施称为治河工程，或称为河道整治工程。

治河的目的包括防洪、维护航道要求的尺度与改善港口条件、保证引水（包括发电、灌溉引水和生活用水）、防止河岸坍塌以便利用洲滩岸线和保护城镇及农田、保护跨河建筑物、控制泥沙淤积部位、水质保护等。其措施主要有上游水土保持、修建水库、河道中下游修建堤防和护岸工程、分蓄洪工程、裁弯取直、疏浚、引水建筑物、导流建筑物等。

（一）治河工程规划的原则

河势规划的总原则是“因势利导，全面规划，远近结合，分期实施”。

1.全面规划，综合治理

治河工程规划一方面要兼顾各部门、上下游、左右岸的利益和要求，充分发挥现有工程设施与水土资源效益；另一方面要根据国民经济近期和远期发展需求，分清主次，权衡利弊，保证首要任务的完成。规划中应考虑各种工程与非工程措施的密切配合，相互为用。

2.因势利导，重点整治

因势利导是治理江河的一条重要的基本原则，“势”即河流总的趋势，总的规律性。“因势”就是遵循河流总的规律性和总的趋势。“利导”就是朝着有利于建设要求的方向、目标加以指导。河道总是处在不断演变发展的过程中，河道整治规划必须顺着河势。只有这样，在完成了关键性控导工程之后，才可以利用河道自身的演变规律，借助水流的力量，通过自然的冲淤调整，逐步实现规划意图，收到事半功倍之效。

3.整治工程应做到结构牢靠，技术新颖，经济合理

治河工程常年经受着水流巨大的冲击，并且作为工程基础的河床和河岸又都存在着冲淤变化，上游来水来沙条件带有很大的随机性，这就要求在规划中所布设的整治工程应具有一定的可靠程度和适当的控导长度，适应顶冲点上提下挫的变化，发挥整体导流作用。

治河工程量大面广，在工程材料及结构形式上，应尽量因地制宜，就地取材，降低造价，满足工程需要。对于国内外成功采用过的新技术、新材料、新工艺，应根据本地情况加以借鉴和改进。

（二）河道整治建筑物类型

1.平顺护岸工程

护岸工程是常见的河道整治建筑物之一，其作用是保护河岸免遭水流的冲刷破坏，以及控制河势与稳定河槽。

护岸工程主要有平顺式和坝垛式等形式。平顺式，即平顺的护脚护坡形式；坝垛式，即丁坝、矶头或垛的形式。平顺式护岸属于单纯的防御性工程，对

水流干扰较小；坝垛式护岸是通过改变和调整水流方向间接性地保护河岸。在某些情况下，它们可以结合使用。具体应用时，需要在认真进行河势分析与全面规划的基础上合理选择。

平顺护岸工程可以分为护脚工程和护坡工程两部分。设计枯水位以下为护脚工程，又称护底护根工程；设计枯水位以上为护坡工程，在有些地方又将护坡工程的上部与滩唇结合部分称为滩顶工程。

（1）护脚工程。护脚工程为护岸工程的根基，常年潜没水中，时刻都受到水流的冲击及侵蚀作用。其稳固与否决定着护岸工程的成败，实践中强调的“护脚为先”就是对其重要性的经验总结。

护脚工程及其建筑材料要求能抵御水流的长期冲刷，具有较好的整体性，并能适应河床的变形，有较好的水下防腐性能，便于水下施工等。经常采用的护脚工程有抛石护脚、石笼护脚、沉枕护脚、沉排护脚等。

（2）护坡工程。护坡工程除受水流的冲刷作用外，还要承受波浪的袭击及地下水的反向侵蚀。因护坡工程处于河道水位变动区，时干时湿，所以要求所用的建筑材料坚硬、密实、耐淹、耐风化。护坡工程的型式与材料有很多，其中块石护坡最为多见。

块石护坡有抛石护坡、干砌石护坡和浆砌石护坡等种类。其中抛石和干砌石能适应河床变形，施工简便，造价较低，故应用最为广泛。相对而言，干砌石护坡所需块石体积较小，石方也较为节省，外形整齐美观，但需手工劳动，需要技术熟练的施工队伍。抛石护坡可以采用机械化施工，其最大优点是当坡面局部损坏和块石走失时，可以自动调整弥合。因此，在我国一些地方常常先用抛石护坡，经过一段时间的沉陷变形，待其稳定后，再进行人工干砌石养护整坡。

2.丁坝工程

（1）丁坝的性能。丁坝具有束窄河床、调整水流、保护河岸的性能，但丁坝也具有破坏河道原有水流结构，改变近岸流态的作用，常常在坝头附近形成较大的冲刷坑，危及丁坝自身安全。

丁坝一般由坝头、坝身和坝根三部分组成。坝根与河岸相连；坝头伸向河槽，在平面上呈丁字形。丁坝坝头位置以河道整治线（中水、枯水）为依据，即通过丁坝工程来实现所规划的河槽形态。

按照丁坝坝顶高程与水位的关系，丁坝可分为淹没式和非淹没式两种。用于航道枯水整治的丁坝经常处于水下，为淹没式丁坝；用于中水整治的丁坝，其坝顶高程有的稍低于堤顶，高出设计洪水位，或者略高于滩面，一般不被洪水淹没，即使淹没，也历时很短，这类丁坝可视为非淹没式丁坝。

根据对水流的影响程度，丁坝可以分为长丁坝和短丁坝。长丁坝有束窄河槽、改变主流线位置的作用；短丁坝则只起迎托主流、保护滩岸的作用，特别短的丁坝，又称为矶头、垛、盘头等。

（2）丁坝的结构类型。丁坝的类型很多，传统的有沉排丁坝、抛石丁坝、土心丁坝等，近代还出现了一些轻型丁坝，如井柱坝、网坝等。

①沉排丁坝。沉排丁坝用沉排叠成，最低水位以上用抛石覆盖。

丁坝横断面多为梯形，上游边坡系数一般为1，下游为1～1.5，坝顶宽2～4m，坝根部位要进行衔接处理。

②抛石丁坝。抛石丁坝采用块石抛堆，表面也可以砌石整修。在我国山区河流也有用竹笼、铅丝笼装卵石堆筑的。抛石丁坝断面较小，顶宽一般为1.5～2m，迎、背水面边坡系数为1.5～2，坝头部分可以放缓为3～5，坝根与河岸平接，也可以将根部断面扩大。抛石丁坝的优点是坝体较牢固，施工简单方便，适用于水深流急、大溜顶冲和石料丰富的河段。

③土心抛石丁坝。这类丁坝采用砂土或黏土料填筑坝体，块石护脚护坡，沉排护底，对于石料缺乏的河流中下游平原，这种坝型具有一定的经济实用价值。同时，坝心土料也可用水力充填方法修筑。因此，此类丁坝的大部分工作可以由机械完成。土心抛石丁坝一般顶宽3～5m，对险工河段非淹没式丁坝，为留足堆放备防石的场地，有时也加宽至8～10m。上下游边坡系数一般为2～3，坝头大于3，且最好全用抛石堆筑。坝根与河岸的衔接长度一般为坝顶宽的6～8倍。黄河下游常采用土心抛石丁坝型式，长江中多用土工织物袋装砂土外包块石或混凝土块丁坝。

④井柱坝。井柱坝是用钢筋混凝土栅栏所构成的透水建筑物。它吸收了木桩编篱坝、厢埽和透水石笼工程的优点，并且维修工作量小，坚固耐用。井柱顺坝、丁坝可起滞流落淤、护滩保堤和控导流势的作用。

⑤网坝。网坝属于轻型河工建筑物，它是用铁丝或塑料、尼龙绳编成网屏，将网屏系挂在桩上所建成的活动透水建筑物。按照网屏固定方式的不同，网坝又可分为两种：一种与我国古代使用的木桩编篱坝或篱屏坝相似，即先在河床

上打一排木桩或混凝土桩，桩头露出水面，网屏挂在桩上，这种坝称为桩网坝；另一种是只将桩头露出河底，或用坠体代替，把网屏下缘挂在其上，网屏上缘悬挂浮物，使网体漂浮在水中，称为浮网坝。

3.顺坝工程

顺坝是一种纵向整治建筑物，由坝头、坝身和坝根三部分组成。坝身一般较长，与水流方向大致平行或有很小交角，沿整治线布置。顺坝具有束窄河槽、引导水流、调整岸线的作用，因此又称导流坝。其顺导效能主要决定于顺坝的位置、坝高、轴线方向与形状。较长的顺坝平面上多呈微曲状。顺坝常布置在河道的过渡段、分汊河段、急弯和河口段。

4.锁坝工程

锁坝是堵塞串沟或支汊，以加强主流、增加航深的常用整治工程形式，其结构与丁坝类似。考虑坝面在洪水时仍要溢流的特点，锁坝坝坡应适当放缓，且背水坡应缓于迎水坡。抛石锁坝的迎水坡边坡系数可取1~2，背水坡为1.5~3。其他结构的锁坝迎水坡边坡系数为2.5~3，背水坡为3~5。锁坝在枯水期起塞支强干的作用，但对水流渗透无严格要求，故可由坝上游泥沙淤积自行封密，无需设专门的防渗措施。中高水位时，锁坝则与溢流坝堰相同，在坝下游可能发生较严重的冲刷，甚至危及坝体安全，所以，一般要有防冲护底措施。护底范围与坝高及河床组成有关。常用的沉排护底应超出坝脚的范围，上游约为坝高的1.5倍，下游则为3~5倍。

第三节　土石坝蓄水枢纽工程

一、土石坝

土石坝是利用当地土石材料填筑而成的挡水坝，又称当地材料坝，其历史悠久、发展迅速，在国内外被广泛采用。

（一）土石坝的特点

土石坝之所以被广泛采用，是因为它具有以下优点：筑坝材料可以就地取材，可节省大量钢材、水泥和木材，免修公路；适应地基变形能力强，对地基的要求比混凝土坝要低；施工技术简单，工序少，便于组织机械化施工；结构简单，便于管理、维修、加高和扩建；土坝理论、试验及计算技术的发展加快了设计进度，保障了大坝设计的安全可靠性。

土石坝也存在着一些不足之处：坝顶不能过流，必须另开溢洪道；施工导流不如混凝土坝便利；对防渗要求高；因为剖面大，所以填筑量大；施工容易受季节影响。

土石坝坝体主要由土料、砂砾、石渣、石料等散粒体构成，是散粒体结构。因此，土石坝与其他坝型相比，在稳定、渗流、冲刷、沉陷等方面具有不同的特点和设计要求。

（1）稳定方面。土石坝不会沿坝基面整体滑动，失稳形式主要是坝坡滑动或连同部分地基一起滑动。

（2）渗流方面。土石坝挡水后，在坝体内形成由上游向下游的渗流，渗流不仅使水库损失水量，还易引起管涌、流土等渗透变形。坝体内渗流的水面线叫作浸润线。浸润线以下的土料承受着渗透动水压力，可能产生渗透变形，严重时会导致坝体失事。

（3）冲刷方面。颗粒间黏结力小，土石坝抗冲能力较低。因此，上下游坝坡设置护坡，坝顶及下游坝面布置排水措施。

（4）沉降方面。由于土石料颗粒间存在较大的孔隙，易产生移动，受力后易产生沉陷，沉陷分为均匀沉降和非均匀沉降。为防止坝顶低于设计高程和产生裂缝，施工时应严格控制碾压标准并预留沉陷量。可按坝高的1%～2%预留沉陷值。

（5）其他方面。为使土石坝安全有效地工作，在设计、施工和运行中必须满足以下要求：坝体和坝基在各种可能工作条件下都必须稳定；经过坝体和坝基的渗流既不能造成水库水量的过多损失，又不致引起坝体和坝基的渗透变形；不允许洪水漫顶过坝造成事故；防止波浪淘刷、暴雨冲刷和冰冻等破坏作用；要避免发生危害性的裂缝。

（二）土石坝的类型

1.按坝高分类

土石坝按坝高可分为低坝、中坝和高坝。高度在30m以下的为低坝，高度在30～70m的为中坝，高度超过70m的为高坝。土石坝的坝高应从坝体防渗体（不含混凝土防渗墙、灌浆帷幕、截水墙等坝基防渗设施）底部或坝轴线的建基面算至坝顶，取其大者。

2.按施工方法分类

土石坝按施工方法可分为碾压土石坝、水力冲填坝、水中倒土坝和定向爆破坝四种。

（1）碾压土石坝。碾压土石坝是将土石料按设计要求分层填筑碾压而成的坝。根据土石料和结构的不同，又分为以下几种：

均质土坝：坝体剖面的全部或绝大部分由一种土料填筑。优点：材料单一，施工简单。缺点：当坝身材料黏性较大时，雨季或冬季施工较困难。

塑性心墙坝：用透水性较好的砂或砂砾石做坝壳，以防渗性较好的黏性土作为防渗体设在坝的剖面中心位置，心墙材料可用黏土也可用沥青混凝土和钢筋混凝土。优点：坡陡，坝剖面较小，工程量少，心墙占总方量比重不大，因此施工受季节影响相对较小。缺点：要求心墙与坝壳大体同时填筑，干扰大，一旦建成，很难修补。

塑性斜墙坝：防渗体置于坝剖面的一侧。优点：斜墙与坝壳之间的施工干扰相对较小，在调配劳动力和缩短工期方面比心墙坝有利。缺点：上游坡较缓，黏土量及总工程量较心墙坝大，抗震性及对不均匀沉降的适应性不如心墙坝。

多种土质坝：坝址附近有多种土料用来填筑的坝。

（2）水力冲填坝。水力冲填坝是以水力为动力完成土料的开采、运输和填筑全部工序而建成的坝。其施工方法是用机械抽水到高出坝顶的土场，以水冲击土料形成泥浆，然后通过泥浆泵将泥浆送到坝址，再经过沉淀和排水固结而筑成坝体。这种坝因填筑质量难以保证，目前在国内外很少采用。

（3）水中倒土坝。水中倒土坝是将土倒入水中崩解，固结成坝，应用较少。

（4）定向爆破坝。定向爆破坝是按预定要求埋设炸药，使爆出的大部分土石料抛向预定的地点而形成的坝。这种填筑坝防渗部分比较困难，除苏联外，其他国家极少采用。

3.按坝体材料所占比例分类

土石坝按坝体材料所占比例可分为以下三类：

（1）土坝。坝体材料以土和沙砾为主。

（2）土石混合坝。当土料和石料均占相当比例时，称为土石混合坝。

（3）堆石坝。以石渣、卵石、爆破石料为主，除防渗体外，坝体绝大部分或全部由石料堆筑起来的坝称为堆石坝。

二、河岸式溢洪道

在水利枢纽中，必须设置泄水建筑物。溢洪道是一种最常见的泄水建筑物，用于宣泄规划库容所不能容纳的洪水，防止洪水漫溢坝顶，保证大坝安全。

溢洪道可以与坝体结合在一起，也可以设在坝体以外。混凝土坝一般适于经坝体溢洪或泄洪，如各种溢流坝。此时，坝体既是挡水建筑物又是泄水建筑物，枢纽布置紧凑、管理集中，这种布置一般是经济合理的。但对于土石坝、堆石坝以及某些轻型坝，一般不容许从坝身溢流或大量泄流；或当河谷狭窄而泄洪量大时，需要在坝体以外的岸边或天然垭口处建造溢洪道（通常称为“岸边溢洪道”）或开挖泄水隧洞。

（一）河岸溢洪道的一般工作方式

河岸溢洪道是布置在拦河坝坝肩河岸或距坝稍远的水库库岸的一条泄洪通道，水库的多余洪水经此泄往下游河床。一般以堰流方式泄水，泄流量与堰顶溢流净宽以及堰顶水头的3/2次方成正比，有较大的超泄能力。堰上常设有表孔闸门控制，闭门时水库蓄水位可达门顶高程，启门时水库水位可泄降至堰顶高程，便于调洪。由于某种原因（如受下游泄量限制或为了降低闸门高度），也有在堰顶闸孔上加设胸墙的，水库水位超过胸墙底一定高度时，泄流方式将由堰流转变为大孔口出流。中小型工程也可考虑不设闸门，这时水库最高蓄水位只能与堰顶齐平，水位超过堰顶即自动泄洪。

（二）河岸溢洪道的类型

河岸溢洪道的类型有很多，按结构形式分为开敞式溢洪道和封闭式溢洪道；按泄洪标准和运用情况分为正常溢洪道和非常溢洪道。开敞式溢洪道包括正槽式溢洪道和侧槽式溢洪道，封闭式溢洪道包括井式溢洪道和虹吸式溢洪道。

（1）正槽式溢洪道。过堰水流方向与堰下泄槽纵轴线方向一致，是应用最普遍的形式。

（2）侧槽式溢洪道。水流过堰后急转约90°，再经泄槽或斜井、隧洞下泄的一种形式。

（3）井式溢洪道。水流从平面上呈环形的溢流堰四周向中心汇入，再经竖井、隧洞泄往下游的一种形式。

（4）虹吸式溢洪道。利用虹吸作用，使水流翻越堰顶的虹吸管，再经泄槽下泄的一种形式，较小的堰顶水头可得较大的泄流能力。

（三）河岸溢洪道的适用场合

河岸溢洪道广泛用于拦河坝为土石坝的大、中、小型水利枢纽，因土石坝一般不能坝顶过水。

坝型采用薄拱坝或轻型支墩坝的水利枢纽，当泄洪水头较高或流量较大时，一般也要考虑布置坝外河岸溢洪道，或兼有坝身及坝外溢洪道，以策安全。

坝型虽适于布置坝身溢洪道，但由于其他条件的限制，仍不得不用河岸溢洪道的情况是：坝身适于布置溢流段的长度尚难满足泄洪要求；为布置水电站厂房于坝后，不适于同时布置坝身溢洪道；坝外布置溢洪道技术经济条件更为有利。最后，这种情况的典型条件如河岸在地形上有高程恰当的适于修建溢洪道的天然垭口，地质上又为抗冲性能好的岩基。

三、水工隧洞

（一）水工隧洞的类型

1.水工隧洞的功用

为满足水利水电工程各项任务的需要，在地面以下开凿的各种隧洞，称为水工隧洞。其功用如下：

（1）配合溢洪道宣泄洪水，有时也可作为主要泄洪建筑物。

（2）取（引）水发电，或为灌溉、供水、航运和生态输水。

（3）排放水库泥沙，延长水库使用年限，有利于水电站等的正常运行。

（4）放空水库，用于人防或检修建筑物。

（5）在水利枢纽施工期用来导流。

2.水工隧洞的分类

水工隧洞按其功用，可分为几种：

（1）取（引）水、输水隧洞。取（引）水或输水以供发电、灌溉或工业和生活之用。

（2）导流、泄洪隧洞。在兴建水利工程时用以导流或运行时泄洪。

（3）尾水隧洞。排走水电站发电后的尾水。

（4）排沙隧洞。排冲水库淤积的泥沙或放空水库以备防空或检修水工建筑物之用。

按隧洞内的水流流态，水工隧洞又可分为有压隧洞和无压隧洞。从水库引水发电的隧洞一般是有压的；灌溉渠道上的输水隧洞常是无压的，有的干渠及干渠上的隧洞还可兼用于通航；其余各类隧洞根据需要可以是有压的，也可以是无压的。在同一条隧洞中，可以设计成前段是有压的而后段是无压的。但在同一洞段内，除了流速较低的临时性导流隧洞外，应避免出现时而有压时而无压的明满流交替流态，以防引起振动、空蚀和对泄流能力产生不利影响。

设计水工隧洞时，应该根据枢纽的规划任务，按照一洞多用的原则，尽量设计为多用途的隧洞，以降低工程造价。有压隧洞和无压隧洞在工程布置、水力计算、受力情况及运行条件等方面差别较大，对于一项具体工程，究竟采用有压隧洞还是无压隧洞，应根据工程的任务、地质、地形及水头大小等条件提出不同的方案，通过技术分析和经济比较后选定。

（二）水工隧洞的工作特点

（1）水力特点。枢纽中的泄水隧洞，除少数表孔进口外，大多数是深式进口。深式泄水隧洞的泄流能力与作用水头H的1/2次方成正比，当H增大时，泄流量增加较慢，超泄能力不如表孔强；但深式进口位置较低，能提前泄水，从而提高水库的利用率，减轻下游的防洪负担，故常用来配合溢洪道宣泄洪水。泄水隧洞所承受的水头较高，流速较大，如果体形设计不当或施工存在缺陷，可能引起空化水流而导致空蚀；水流脉动会引起闸门等建筑物的振动；出口单宽流量大，能量集中会造成下游冲刷。为此，应采取适宜的防止空蚀和消能措施。

（2）结构特点。隧洞为地下结构，开挖后破坏了原来岩体内的应力平衡，引起应力重分布，导致围岩产生变形甚至崩塌。为此，常需设置临时支护和永久性衬砌，以承受围岩压力。但围岩本身也具有承载力，可与衬砌共同承受内水压力等荷载。承受较大内水压力的隧洞，要求围岩具有足够的厚度和进行必要的衬砌，否则一旦衬砌破坏，内水外渗，将危害岩坡稳定及附近建筑物的正常运行。过大的外水压力也可使埋藏式压力隧洞失稳。故应做好勘探工作，使隧洞尽量避开不利的工程地质、水文地质地段。

（3）施工特点。隧洞一般是断面小，洞线长，从开挖、衬砌到灌浆，工序多、干扰大，施工条件较差，工期一般较长。施工导流隧洞或兼有导流任务的隧洞，其施工进度往往控制整个工程的工期。因此，采用新的施工方法、改善施工条件、加快施工进度和提高施工质量是隧洞工程建设中值得研究的重要课题。

（三）水工隧洞的组成

水工隧洞一般包括进口建筑物、洞身和出口建筑物三个主要部分。

（1）进口建筑物。进口建筑物包括进水喇叭口、闸门及其控制建筑物、通气孔道、进口渐变段（从安装闸门地段的矩形断面过渡到洞身断面）。该部分的主要作用是进水和控制水流；保证水流平顺，避免空蚀现象；尽量减少局部阻力，保证过水能力。

（2）洞身。洞身是隧洞的主体，其断面形式和尺寸取决于水流条件、施工技术情况和运用要求等。有压隧洞一般采用圆形断面，而无压隧洞则采用圆拱直墙。隧洞断面尺寸必须满足设计流量的要求。洞身一般要修建衬砌，用以防护岩面并减小洞壁糙度，防止渗漏，承受围岩压力、内水压力及其他荷载。地质条件较好的隧洞，特别是无压隧洞，可以不做衬砌，但要采用光面爆破开挖，以达到岩面平整的要求。

（3）出口建筑物。其组成和功用按隧洞类型而定。用于引水发电的有压隧洞，其末端连接水电站的压力水管，在该部位通常还设有调压室（井），当电站负荷急剧变化时，用以减轻有压隧洞和压力水管中的水击现象，改善水轮机的工作条件。泄水洞口一般设有消能建筑物，如出口设置扩散段以扩散水流，减小单宽流量（从洞内流出的最大流量除以水面宽度），防止冲刷出口渠道或河床。

第四节　重力坝与拱坝蓄水枢纽工程

一、重力坝

重力坝是主要依靠坝体自重所产生的抗滑力来满足稳定要求的挡水建筑物，是世界坝工史上最古老、采用最多的坝型之一。

（一）重力坝的工作特点

1.重力坝的优点

（1）安全可靠。重力坝剖面尺寸大，坝内应力较低，筑坝材料强度高，耐久性好，因而抵抗洪水漫顶、渗漏、地震和战争破坏的能力都比较强。据统计，重力坝在各种坝型中失事率最低。

（2）对地形、地质条件适应性强。任何形状的河谷都可以修建重力坝。重力坝对地质条件要求相对较低。重力坝一般修建在岩基上。当坝高不大时，也可修建在土基上。

（3）泄流问题容易解决。重力坝可以做成溢流的，也可以在坝内不同高程设置泄水孔，一般不需另设溢洪道或泄水隧洞，枢纽布置紧凑。

（4）便于施工导流。在施工期可以利用坝体导流，一般不需另设导流隧洞。

（5）施工方便。大体积混凝土可以采用机械化施工，在放样、立模和混凝土浇筑方面都比较简单，并且补强、修复、维护和扩建也比较方便。

（6）受力明确，结构简单。重力坝沿坝轴线用横缝分成若干坝段，各坝段独立工作，结构简单，受力明确，稳定和应力计算都比较简单。

2.重力坝的缺点

（1）由于体积大，材料用量多，材料强度不能充分利用。

（2）坝体与坝基接触面积大，坝底扬压力大，对坝体稳定不利。

（3）坝体体积大，混凝土在凝结过程中产生大量水化热和硬化收缩，将引起不利的温度应力和收缩力。因此，在浇筑混凝土时，温控要求高。

（二）重力坝的类型

1.按坝的高度分类

重力坝按坝的高度分类，可分为低坝、中坝和高坝。坝高在30m以下的为低坝；坝高在30~70m（含30m和70m）的为中坝，坝高在70m以上的为高坝。坝高是指大坝建基面的最低点（不包括局部深槽、井或洞）至坝顶的高程。

2.按泄水条件分类

重力坝按泄水条件分类，可分为溢流坝和非溢流坝。坝体设有深式泄水孔的坝段和溢流坝可统称为泄水重力坝，非溢流坝段也叫挡水坝段。

3.按筑坝材料分类

重力坝按筑坝材料分类，可分为混凝土重力坝和浆砌石重力坝。一般情况下，较高的坝和重要的工程经常采用混凝土重力坝，中、低坝则可以采用浆砌石重力坝。

4.按坝体结构型式分类

重力坝按坝体结构型式分类，可分为实体重力坝、宽缝重力坝、空腹重力坝、预应力重力坝、装配式重力坝等。

（三）重力坝的布置

重力坝通常由溢流坝段、非溢流坝段和两者之间的连接边墩、导墙组成，布置时需根据地形、地质条件结合枢纽其他建筑物综合考虑。坝轴线一般采用直线，必要时也可布置成折线或曲线。溢流坝段通常布置在中部对准原河道主流位置，两端用非溢流坝段与岸坡相接，溢流坝段与非溢流坝段之间用边墩、导墙隔开。各个坝段的外形应尽量协调一致，上游坝面保持平整。当地形、地质及运用条件有显著差别时，可按不同情况分别采用不同的下游坝坡，使各坝段均达到安全和经济的目的。

（四）重力坝的设计内容

重力坝的设计包括以下几方面的内容：

（1）总体布置。首先选择坝址、坝轴线和坝的结构型式，确定坝体与两岸及交叉建筑物的连接方式，最终确定坝体在枢纽中的位置。

（2）剖面设计。可参照已建类似工程，初拟剖面尺寸。

（3）稳定分析。用单一安全系数法和可靠度理论法，核算坝体沿坝基面或沿地基深层软弱结构面抗滑稳定安全性能。

（4）应力分析。用材料力学法和可靠度理论法，对坝体材料进行强度校核。

（5）构造设计。根据施工和运行要求，确定坝体细部构造（混凝土分区、廊道、排水、分缝、止水设计等）。

（6）地基处理。地基的防渗（帷幕灌浆）、排水、断层、破碎带处理等。

（7）溢流坝或泄水孔设计。

（8）监测设计。包括坝体内部和外部的观测设计，制定大坝的运行、维护和监测条例。

二、溢流重力坝

溢流坝既需挡水，又要能通过坝顶溢流；除应满足稳定和强度条件外，还要有适宜的剖面形状以满足泄水的要求。因此，必须妥善解决下泄水流对建筑物可能产生的气蚀、振动以及对下游河床的冲刷等问题，以确保工程安全。

（一）溢流坝段的布置

溢流坝段的布置与坝址地形、地质、泄流条件等因素有关。通常，溢流前缘与上游来水主流方向大致垂直，下游出流方向最好与原河道主槽水流方向一致，尽量减少对原河道水流情况的变化。溢流坝应尽可能放在坚硬完整的岩基上，这样有利于解决下泄水流的消能防冲问题。溢流坝与土石坝相邻时，要注意防止坝前水流淘刷土石坝坝坡。为了减少下泄水流对其他建筑物正常运行的影响，有时需在溢流坝与发电、通航等建筑物之间布置导水墙，以减少干扰。

（二）溢流坝的下游消能

溢流坝下泄的水流具有很大的能量，会冲刷破坏下游的河床，因此必须采取有效的消能和防护措施，以保证下游的安全。常用的消能形式如下：

1.底流式水跃消能

在坝址下游设置消力池、消力坎或综合静水池等，促使水流在限定范围内产生水跃，使高速水流通过内部的旋滚、摩擦、渗气和撞击等作用消耗其能量，以减轻对下游的冲刷。坝址地基条件较差时，多采用底流消能。

2.挑流消能

在溢流坝址处修建一挑流鼻坎，将下泄的高速水流向空中抛射，使水流扩散，并掺入大量空气，然后跃入下游河床水垫中。水流在同空气摩擦的过程中将消耗一部分能量。抛射水流进入下游以后，形成强烈的旋滚区，并冲刷河床形成冲坑。冲坑逐渐加深，水垫越来越厚，大部分能量消耗在水滚的摩擦中，冲坑逐渐趋于稳定。只要冲坑与坝趾之间有足够的距离，就不致影响坝的安全。挑流消能构造简单，可以节省下游护坦，因此在河床地质条件好、抗冲能力强的坝址处较多采用。但挑流消能雾气大，尾水波动也大。

三、重力坝的泄水孔

重力坝由于调洪预泄、放空水库、输水、排砂和发电等水库运用的要求，需设置不同高程的坝身泄水孔。泄水孔一般位于深水之下，故又称深孔或底孔。

泄水孔按孔内水流状态，可分为有压孔和无压孔两类。发电引水孔一般为有压孔。有压泄水孔的工作闸门一般设在出口。无压泄水孔的工作闸门和检修闸门大多设在进口，工作闸门后的孔口断面，顶部应适当抬高，使水流成为无压明流。

坝身泄水孔应根据其用途、枢纽布置要求、地形地质条件和施工运用要求等因素进行布置。泄洪孔宜布置在河流主槽附近，以便下泄水流与下游河道顺畅衔接；其进口高程在满足泄洪任务的前提下，应尽量高些，以减小进口闸门上的水压力。灌溉孔应布置在灌区一岸的坝段上，以便于和灌溉渠道连接；其进口高程应根据引渠渠首高程确定。排砂底孔应尽量靠近电站、灌溉的进水口，以及船闸闸首等需要排砂的部位。发电进水口的高程，应根据水利动能设计要求和泥沙条件确定。为放空水库而设置的放水孔、施工导流孔，一般均布置得较低。

为了节约投资，简化结构布置，在不影响正常运用条件下，应尽量考虑一孔多用。如灌溉、发电相结合，放空、排砂与导流相结合等。

坝身泄水孔与河岸的水工隧洞相类似，由进口段、管身段和出口段三部分组成，其水流条件与构造要求也基本一致。

如进口段，为使水流平顺，减少水头损失，增强泄水能力，避免孔壁气蚀，进口形状应尽可能符合流线变化规律。工程中，常采用椭圆曲线或圆弧曲线的三面收缩矩形进水口。

又如，为防止闸门局部开启时，门后空气被水流带走形成负压，产生气蚀和振动，必须在紧靠门体的下游顶板部位设置通气孔进行补气。其他如管身段和出口段等的要求，基本上均与水工隧洞相同。

第五节　取水枢纽工程

为从水源引取符合一定要求的水流，以满足灌溉、发电、城市工业和生活供水等用水部门的需要，在渠道首部兴建的取水建筑物的综合群体，称为取水枢纽工程（简称“渠首工程”）。

取水枢纽分为两大类：一是自流取水，二是机械抽水。自流取水又分为无坝取水枢纽、有坝取水枢纽和水库取水枢纽三种。

一、自流取水枢纽的布置

（一）无坝取水枢纽

当河道枯水期的水位和流量满足引水要求时，不必在河床上修建拦河建筑物，只需选择适宜地点开渠并修建必要的建筑物引水，这种取水枢纽称为无坝取水枢纽。无坝取水枢纽不能控制河道的水位和流量，枯水期引水可靠性差。

1.无坝取水枢纽位置的选择

选择无坝取水枢纽位置时，应考虑下列基本条件：

（1）能保证引水水位达到必要的高程，以满足自流灌溉或供水的要求。一般情况下，河水水面常低于附近两岸的农田，若要自流灌溉，无坝取水枢纽往往必须选在河道上游水位较高处。我国黄河中下游由于河床高出两岸地带，地面坡降背向河流，构成从河流无坝取水自流灌溉的优越条件。

（2）能保证引取足够的流量，满足计划用水的要求。无坝取水的进水闸闸前外河的设计水位，应有一定保证率（灌溉引水保证率一般采用75%～90%），或取闸前外河历年最枯水位作为设计水位。

（3）应尽可能使自取水口进入引渠的泥沙最少。为此，应把取水口选在河流弯道的凹岸，以利用河道内天然横向环流的作用，使进入渠道的河中泥沙减少。

（4）渠首的位置应选在河床稳定的河段上。一般要求渠首河岸无坍塌及冲淤等现象，且河道水流中游经常靠近渠首。在黄河中下游，河床稳定就成为选择渠首的首要条件。

（5）取水枢纽位置的选定还应考虑施工方便，造价低廉。例如，干渠较短，工程量小，渠系建筑物少并且简单。

2.无坝取水枢纽的布置

（1）位于弯道凹岸取水枢纽的布置。这种布置是利用河流弯道环流原理，将取水口建在河流的弯道凹岸，引取表层较清水流。

这种无坝取水枢纽由拦沙坎、引水渠、进水闸和沉沙设施组成。拦沙坎用来加强环流作用，使底部泥沙顺利冲走；引水渠的作用是引导水流平顺地流入闸孔；进水闸起控制和调节流量的作用；沉沙池用来沉淀悬移质中的粗颗粒泥沙。

拦沙坎布置在取水门的前缘，一般拦沙坎高出引水渠底0.5～1m。

无坝取水枢纽的取水口一般布置在弯道顶点以下水深较大、环流作用较强的地方。这个地点与弯道起点的距离为河宽的4～5倍。

当河岸土质较好时，进水闸可布置在河岸取水口处，在保证工程安全的条件下，力求引水渠最短，以免引起引水渠泥沙淤积，减小水头损失。当河岸土质较差，不能抵御水流冲击时，进水闸应布置在距离河岸较远的地方，以保证闸身的安全。这时引水渠兼作沉沙渠，渠内沉淀的泥沙由冲沙闸冲洗，排入下游河道。

取水口的轴线与河道水流方向所成的夹角，称为引水角。为了减少泥沙入渠，引水角一般采用40°～60° 为宜。

沉沙设施一般布置在进水闸后适当的地方。通常将总干梁加宽加深而形成沉沙池，或者建成厢形，或者利用天然洼地形成沉沙池。

（2）导流堤式无坝取水枢纽的布置。在山区河道或在不稳定河道上取水时，常采用设有导流堤的取水枢纽。该取水枢纽由导流堤、进水闸和泄水排沙闸等建筑物组成。都江堰工程是典型的导流堤式无坝取水枢纽。

导流堤的作用是束缩水流，抬高水位，使河水平顺地流入进水闸，多余的水则经泄水排沙闸排走。导流堤的轴线与河道水流方向的夹角一般以10°～30° 为宜。进水闸与泄水排沙闸的相对位置一般按正面引水、侧面排沙的原则布置。

（二）有坝（壅水坝）取水枢纽的布置

当河道水位较低不能自流引水，或在枯水期需引取河道大部分或全部来水时，须修建拦河壅水建筑物以抬高水位自流引水，这种枢纽称为有坝取水枢纽。这种引水方式工作可靠，有利于综合利用。

1.有坝取水枢纽的组成

有坝取水枢纽由壅水坝（或拦河闸）、进水闸及各种防沙入渠的设施（如冲沙闸、沉沙槽等）等组成。若还有发电、航运、过木和过鱼等要求，需修建相应的专门性建筑物，与上述建筑物组成综合利用的有坝取水枢纽。

2.有坝取水枢纽的布置

（1）设有冲沙闸的有坝取水枢纽。其进水闸和冲沙闸的轴线一般相互垂直，进水闸底槛高于冲沙闸底槛0.5～1m。进水时底沙被拦阻于进水闸槛前，淤积到一定程度后，关闭进水闸，开启冲沙闸，将淤沙冲往下游河道。

这种取水枢纽布置和构造都比较简单，冲沙效果好。但在进水时，水流易产生旋流将泥沙带入进水闸，并且在冲沙时需停止引水。

（2）底部设有冲沙廊道的有坝取水枢纽。由于泥沙沿水深的分布规律是底层含沙量最大，故可让含沙量较大的底流经冲沙廊道排往下游，而使进水闸引取较清的表层水。其构造形式为进水闸底槛较高，在底槛内布置冲沙廊道，在廊道内流速较高，可以冲走泥沙。这种布置改善了进流条件，而且在冲沙时，不停止供水。

（3）设有沉沙池的有坝引水枢纽。当河流含沙量较大，不符合用水部门的要求，且泥沙淤积渠道中直接影响引水时，可在进水闸和干渠之间设沉沙池。由于沉沙池的宽度和深度均较大，过水断面增加，池中水流速度降低而使悬沙下沉。待泥沙在池中沉积到一定厚度之后，再由沉沙池尾部的底孔冲沙道排入河道中。

沉沙池有单室、双室及多室三种，其中单室沉沙池形式最简单，一般在池的末端设冲沙孔，冲洗沉淀在池内的泥沙。在单室沉沙池冲洗时，必须关闭通向渠道的闸门停止供水，以免水流将搅起的泥沙带入引水渠。当引水流大于15～20m/s时，单室沉沙池的尺寸必须很大。如果此时冲沙效率不高，冲沙用时较长，对供水极为不利，可采用双室或多室沉沙池。

二、平原地区水闸的结构型式和工作特点

水闸是一种低水头的挡水和泄水建筑物，其作用是控制水位和调节流量。在平原地区的水利工程中，水闸应用十分广泛。平原地区的水闸多建造在软土地基上，因此它具有与其他水工建筑物不同的特点。

（一）水闸的结构型式

1.开敞式水闸

这种水闸的上面没有填土，是开敞的。当上游水位变幅较大，而设计过闸流量并不大时，可以设置胸墙挡水，以降低闸门的高度，并减小闸门的启闭力。

2.封闭式水闸

封闭式水闸也称涵洞式水闸，其特点是闸门后接涵洞，洞身在填土下面。洞顶填土有利于闸室的稳定；但洞顶填土较重，在软土地基上容易产生不均匀沉陷，使洞身裂缝。一般地说，封闭式水闸适用于过闸流量较小、闸室较高或位于大堤下等情况。

（二）水闸的组成部分

水闸由上游连接段、闸室段和下游连接段三部分组成。

1.上游连接段

其主要作用是引导水流平顺地进入闸孔，防冲，防渗。这一段包括铺盖、护

底、两岸的翼墙和护坡。

2.闸室段

闸室是水闸的主体，其主要作用是安装闸门和启闭机械，进行操作控制水流。它包括底板、闸墩、闸门、胸墙、工作桥、交通桥等。

3.下游连接段

其主要作用是消能、防冲；促使水流均匀扩散，避免不利流态对下游的影响；同时排除地基渗流，减免其不利影响。这一段包括消力池、海漫、防冲槽、翼墙及护坡等。

（三）水闸的工作条件

水闸建成挡水后，形成上下游水位差，此时它承受着水平方向的水压力，有可能促使水闸向低水位一侧发生滑动。所以，水闸必须有足够的重量来维持其抗滑稳定。

同时，上下游水位差又引起闸基和两岸土壤的渗流。闸基渗流的渗透压力自下而上地作用在水闸底部，减小水闸的有效重量，不利于水闸的抗滑稳定。因此，要采取合理的防渗排水措施，尽可能减少闸底的渗透压力，并防止闸基及两岸土壤发生渗透破坏。

当水闸泄（或引）水时，在上下游水位差的作用下，过闸水流的流速较大，具有较大的动能，而河（渠）床土壤抗冲能力较小，可能产生严重冲刷。因此，应采取有效的消能防冲措施，以消减水流能量，改善流态，防止水闸下游的不利冲刷。

平原地区水闸一般建在软土地基上，由于土壤抗剪强度低、压缩性大，而且往往分布不均匀，在闸室重量及外荷载的作用下，地基可能产生过大的沉陷或不均匀沉陷。因此，应对地基进行必要的处理，使地基承载力和沉陷变形满足设计的要求。同时，水闸设计应注意调整上部荷载，尽可能使基底应力较均匀分布，不致产生过大的地基应力和不均匀沉陷。

第六节　水力发电工程

一、坝式水电站

在河流峡谷处筑坝，抬高水位，形成集中落差，这种水能开发方式称为坝式开发。用坝来集中落差获得水头的水电站称为坝式水电站。坝式水电站的水头取决于坝高，坝越高，水电站的水头就越大。但建坝受到地形、地质、水库淹没和工程投资等条件的限制，只能因地制宜，根据技术和经济条件研究决定。

按照坝和水电站厂房相对位置的不同，坝式水电站又可分为河床式水电站和坝后式水电站。

（一）河床式水电站

河床式水电站的厂房和坝（或闸）一起建在河床中。电站厂房本身承受上游水的压力，起挡水作用，成为挡水建筑物的一部分，故称为河床式水电站。

在河流的中下游，往往河面开阔，纵坡平缓，两岸地势不高。为了避免造成大量淹没，只能修建低坝或闸拦河挡水，适当提高上游水位，河床式水电站通常是低水头大流量水电站。

（二）坝后式水电站

当拦河筑坝集中落差较大时，由于上游水压力较大，若用电站厂房来挡水难以维持稳定，且厂房受力较大，增加建筑困难，因此不得不将电站厂房移到坝的下游，使上游水压力由坝承担，这样布置的水电站称为坝后式水电站。

坝后式水电站允许水头较高，一般修建在河流的中上游。由于坝较高，不仅使电站获得较大的水头，还在坝的上游形成可以调节径流的水库，有利于发挥防洪、灌溉、发电、通航及水产等多种效益，并给水电站运行创造十分有利的条件。

坝后式水电站厂房多半布置在河床一侧的岸边，以便布置输变电装置和对外交通线路。

（三）坝内式水电站

在河谷狭窄坝后无适当位置可建电站时，可将电站厂房设在坝体内部的空腹内，形成坝内式厂房，我国上犹江水电站就属于这种类型的水电站。

二、引水式水电站

在某些河段上，由于地形、地质或其他技术经济条件不宜采用坝式开发，而可以修建取水和输水建筑物（如明渠、隧洞等），来集中河段的自然落差，从而获取水头的方式称为引水式开发。

在河流的上、中游，坡度比较陡峻的河段上常可采用引水式开发，沿山腰开挖一条引水渠道。由于引水渠道的纵坡远小于该河段的自然坡度，因此在引水渠的末端形成集中落差。河段的天然坡度愈大，引水渠道能够集中的落差就愈大。采用引水式开发修建的水电站，称为引水式水电站。

按引水建筑物中水流状态的不同，引水式水电站可分为两种类型：

（1）无压引水式水电站。它所用的引水建筑物是无压的，如明渠、无压隧洞等。

（2）有压引水式水电站。它所用的引水建筑物是有压的，如压力隧洞、压力水管等。

一般地说，引水式水电站引水流量较小，无调节能力，水量利用率较低，但工程规模较小，造价较低，且水头允许较高。所以，引水式水电站多修建在河道坡降较陡、流量较小的山区河段上。

三、混合式水电站

在一个河段上同时利用拦河坝和引水道两种方式来集中河段落差的开发方式叫混合式开发，相应的水电站称为混合式水电站。

混合式水电站常常建在上游有良好的坝址适宜建库，而紧接水库以下的河道坡度较陡或有较大河湾的河段上。它的水头一部分由坝集中，一部分由引水道集中。因此，这种水电站同时具有坝式水电站和引水式水电站两者的特点。

第二章　水利水电工程的作用

第一节　水利水电的科学发展

一、我国水力资源的现状

中国西部12个省（自治区、直辖市）水力资源约占全国总量的80%，特别是西南地区云、贵、川、渝、藏5个省（自治区、直辖市）就占2/3。

我国水力资源富集在金沙江、雅砻江、大渡河、澜沧江、乌江、长江上游、南盘江、红水河、黄河上游、湘西、闽浙赣、东北、黄河北干流以及怒江等水电能源基地，其总装机容量约3亿kW，占全国技术可开发量的45.5%左右。特别是地处西部的金沙江中下游干流总装机规模近6000万kW，长江上游（宜宾至宜昌）干流超过3000万kW，雅砻江、大渡河、黄河上游、澜沧江、怒江的规模均超过2000万kW，乌江、南盘江红水河的规模均超过1000万kW。这些河水力资源集中，有利于实现流域梯级滚动开发，有利于建成大型的水电能源基地，有利于充分发挥水力资源的规模效益实施“西电东送”。

二、我国水力资源的地位和作用

中国常规能源（其中水力资源为可再生能源、按技术可开发量使用100年计算）的剩余可采总储量的构成为：原煤61.6%、水力35.4%、原油1.4%、天然气1.6%。水力资源仅次于煤炭，具有重要的战略地位。从发电考虑，以水力资源的技术可开发量计，每年可替代1143亿吨原煤，100年就可替代原煤143亿吨。因此，开发水力资源发展水电，是我国调整能源结构、发展低碳能源、节能减排、保护生态的有效途径。水电工程除发电效益外，还具有防洪、灌溉、供水、航运、旅游等综合利用效益。

伴随着水电的发展，我国水电工程勘察设计和施工技术、大型水轮发电机组制造、远距离输电技术等已居世界先进水平。开发西部丰富的水力资源是西部大开发的重要组成部分，实施“西电东送”有利于我国能源资源的优化配置及西部地区的经济发展。因此，水电建设对于我国经济社会的可持续发展具有重要的作用。

三、中国水利水电工程发展

中国是水旱灾害频繁发生的国家，在1949年之前的2000年里，全国范围内共发生过1092次洪灾、1056次旱灾。1920年华北大旱，饿死50多万人；1931年长江洪灾，死亡14.5万人。为确保防洪安全、供水安全，提升非化石能源占比，1949年以来中国修建了众多的大坝、跨流域调水工程、抽水蓄能电站等。当前中国每年的水灾损失一般低于国民经济总量的2%。

大坝是水利水电发展最重要的标志。历史没有明确记载第一座大坝何时产生，但公认中国、印度、伊朗、埃及是最早建设大坝的国家。据记载，公元1000年以前坝高超过30m的大坝只有3座，最高的是中国浮山堰土坝（坝高48m）；1900年以前坝高超过30m的大坝只有31座，最高的是法国Gouffred'Enfer砌石重力拱坝（坝高60m）。

1900年之后，世界各国大力发展水利水电。与国际比较，中国水利水电发展可分为四个阶段。

1900—1949年为第一阶段，中国高于30m以上的大坝只有21座，总库容约$2.8\times10^{10}m^3$，水电总装机容量为5.4×10^5kW。当时的中国水灾是心腹大患，基本是大雨大灾、小雨小灾、无雨旱灾，技术较落后。

1949—1978年为第二阶段，这一时期中国是国际上修建水库大坝最活跃的国家，30m以上的大坝由21座增加到3651座，总库容增加到约$2.989\times10^{11}m^3$，水电总装机容量增加到1.867×10^7kW，大坝建设的主要目的是防洪、灌溉等。由于受技术、投资等因素的制约，虽然取得了很大的成就，但总体上与发达国家相比还比较落后。

1978—2000年为第三阶段，以二滩等特大型大坝建成为标志，中国水利水电建设实现了质的突破，由追赶世界水平到不少方面居于国际先进和领先水平，很多工程经受了1998年大洪水、2008年汶川大地震的严峻考验。这一阶段工程的突出特点是设计质量高、施工速度快、安全性好，普遍达到了预期目标。

21世纪以来，以三峡、南水北调工程投入运行为标志，中国进入了自主创新、引领发展的第四阶段，先后竣工的小湾、龙滩、水布垭、锦屏一级等工程，建设技术不断刷新世界纪录。这一阶段中国更加关注巨型工程和超高坝的安全，注重环境保护，在很多领域居于国际领先地位，同时也全面参与国际水利水电建设市场，拥有一半以上的国际市场份额。

2021年9月10日，在国务院新闻办的发布会上，李国英表示，截至目前，全国已建成各类水库9.8万多座，总库容8983亿立方米，各类河流堤防43万公里，开辟国家蓄滞洪区98处，容积达1067亿立方米，基本建成了江河防洪、城乡供水、农田灌溉等水利基础设施体系，为全面建成小康社会提供了坚实支撑。

以水库、河道及堤防、蓄滞洪区为骨干的流域防洪工程体系，成为暴雨洪水来临时保障人民群众生命财产安全的“王牌”，有效应对了近年来长江、淮河、松花江、太湖等流域发生的洪水。2021年入汛以后，我国局地极端强降雨多发频发，影响范围广、致灾性强，全国有501条河流发生超警以上洪水，124条河流发生超保洪水，37条河流发生有实测记录以来的最大洪水。水利部门科学、精细、精准调度水工程，全国有3467座（次）大中型水库共拦蓄洪水925亿立方米，初步统计减淹城镇1038个（次）、减淹耕地面积1267万亩，避免了638万人临时避险迁移，最大程度地减轻了洪涝灾害损失。

一方面，科学规划建设南水北调等一批大型跨流域、跨区域调水工程，初步形成“南北调配、东西互济”的水资源配置总体格局；另一方面，实施国家节水行动，全面推进农业节水增效、工业节水减排、城镇节水降损。2020年我国万元GDP用水量57.2立方米，万元工业增加值用水量32.9立方米，分别比2015年下降28%和39.6%。

全国水资源配置和城乡供水体系逐步完善。目前年供水能力达到8500亿立方米，城市多水源的供水保障体系日益完善。“十三五”期间，全国农村集中供水率和自来水普及率分别从82%、76%提高至88%、83%。节水已成为解决我国水资源短缺问题的根本性措施。经过大规模水利建设，我国农田有效灌溉面积从中华人民共和国成立之初的2.4亿亩（1亩≈666.67平方米）发展到2020年的10.37亿亩。“十三五”期间，节水灌溉面积从4.7亿亩增长到5.7亿亩。在占全国耕地面积54%的灌溉面积上，生产了全国75%的粮食和90%的经济作物，水利为“把中国人的饭碗牢牢端在自己手中”奠定了坚实基础。

四、中国水利水电工程发展成就

我国水利水电建设取得巨大成就，主要体现在以下六个方面：

第一，开发规模不断迈上新台阶。2000年以来，我国水利水电装机规模快速跃升，于2004年、2010年、2014年相继突破1亿kW、2亿kW、3亿kW，水利水电建设实现跨越式发展，装机和发电量均稳居世界第一。

第二，技术水平跻身国际前列。200米级、300米级高坝等技术指标均刷新行业纪录；大坝工程、水工建筑物抗震防震、复杂基础处理、高边坡治理、地下工程施工等关键技术达到国际领先水平；混凝土浇筑强度、防渗墙施工深度等多项指标创造世界之最。

第三，水利水电装备制造世界领先。常规水利水电机组和抽水蓄能机组设计制造能力、金属结构设备制造技术、高压输电技术等均处于世界领先水平。率先进入百万千瓦机组研发应用的无人区，实现了水利水电核心装备制造技术从跟跑、并跑到领跑的跨越式发展。

第四，综合利用效益普惠民生。水利水电建设为我国社会可持续发展提供了大量优质清洁能源，中华人民共和国成立以来我国水利水电累计发电量约为17.5万亿kW时，相当于替代标准煤52.5亿吨，减少二氧化碳排放约140亿吨。同时，水利水电站的经济、社会、生态综合效益显著，在防洪、拦沙、改善通航条件、水资源综合利用和河流治理、生态环境保护、带动地方经济发展等方面发挥了巨大作用，为护佑江河安澜、人民幸福提供了有力保障。

第五，产业能力快速提升。我国水利水电行业积极服务国家发展战略，已具备投资、规划、设计、施工、制造及运营管理的全产业链能力，成为中国走向世界的一张名片。目前，中国水利水电国际业务遍及全球140多个国家和地区，参与建设的海外水利水电站320座，总装机容量达到8100万kW，占据海外70%以上的水利水电建设市场份额。

第六，水利水电标准体系完备。结合国家科技重大专项和企业投入的重大基金支持，立足世界水利水电前沿，解决行业发展中的一系列重大科学技术问题，逐步转化为技术标准，形成了比较完善的水利水电技术及标准体系。

第二节　水利事业

一、防洪治河

（一）防止洪水灾害的重要性

防止洪水灾害，保护人民生命财产安全，自古以来就是关系国计民生的头等大事。远在四千多年以前石器时代的“大禹治水”，凿龙门，疏九河，导流入海，说的就是防洪治河。历代治河都注重防洪，直至今日，防洪也一直是治河的首要任务。我国大多依靠两岸堤防和其他工程设施来保障防洪安全，并都发生过大大小小、不同程度的洪水灾害，防洪问题是我国各大江河流域普遍存在的一个至关重要的问题。

（二）防洪措施

洪水灾害是一种常见的自然灾害，是大雨、暴雨引起的水量过多或过于集中，从而形成诸如水道急流、山洪暴发、河水泛滥、淹没农田、毁坏环境与各种设施等的灾害现象。防止洪水灾害的技术措施主要有以下几类：

1.修筑堤防与整治河道

修建堤防防止洪水漫溢；疏浚和整治河道，提高河段的泄流。

2.分洪、蓄洪、泄洪和开挖减河

在重点保护对象以上或其邻近的下游，防洪单位应该利用适当的地形，设分（蓄、滞）洪工程，配合堤防运用可以进一步提高保护堤段的防洪标准，开挖减河可以扩大泄洪出路。这一措施可减少减河入口以下干流河段的流量。

3.水库拦洪

兴建水库拦蓄洪水，其作用比较显著，并且可以取得综合利用效益。防洪单位应根据具体情况，统一部署干支流水库的联合运用。

4.山区小河综合治理与水土保持

除一般水土保持措施蓄水保土外，在小河上修筑拦沙坝和梯级坝，也是有效的蓄水拦沙手段之一。部分工程还可取得综合利用的效益。

二、农田水利

（一）农田水利的重要性

农业是国民经济的基础，是任何社会不可缺少的生产部门。实现农业现代化也是我国国民经济现代化建设的重要环节。农田水利事业的目的，在于通过工程设施来调节和改变农田水分状态和地区水利条件，使之符合农业生产发展的需要，促进农业生产的发展。

自古以来，农田水利就是人类与水旱灾害做斗争、发展农业生产的重要措施。农田水利不仅要为粮棉增产服务，还要为林、牧、副、渔业和多种经济服务。对于水土资源，我们应该进行综合利用，要合理用水、科学用水，对盐碱、沼泽和干旱荒漠地要合理开发利用。农田水利事业的发展，不仅是农业的发展进步，而且也是社会文化进步的标志。

一些科学技术较先进的国家，不仅采用一些新的灌排技术，而且已把治水扩大到大气层，实行人工催雨来增加降雨量，用人工化云来减轻暴雨威胁。原子能、电子计算技术、宇宙航测技术已开始在农田灌排中应用，有的灌排工程已用现代工业技术实现自动化。因此，我们必须认真总结我国农田水利的成就，借鉴国外的经验，积极开展农田水利工作，为我国社会主义现代化作出贡献。

（二）不同水利条件的地区划分

我国地域辽阔，各地自然条件不同，发展农业生产的水利条件也不同。综合气候和水文等方面的特点，我国大体上分为干旱地区、半干旱地区和水分充足地区三种类型。

1.干旱地区

干旱地区包括新疆、青海、甘肃、宁夏、陕西北部、内蒙古西北及东北大部、西藏雅鲁藏布江以西、云贵高原西部等地方。干旱地区属沙漠和半沙漠性气候，降水量在250mm以下，土壤盐碱化普遍而严重。本地区主要是牧区，灌溉水源主要靠高山积雪融解的水流，也有少部分地区有地下潜流可以使用。

2.半干旱地区

半干旱地区包括华北平原、黄河中游黄土高原、东北松辽平原、淮北平原以及内蒙古的南部和东部。这些地区大部分的年平均降水量在500～700mm之间。这些地区的降水量虽然在平均数量上可基本满足作物的需要，但由于降水量的年变差大和年内分布不均衡，因而经常出现干旱年份和干旱季节。此外，黄河两岸冲积平原及滨海地区有相当面积的盐碱地；东北平原还有部分沼泽地；许多地区地下水位高，地下水矿化度大，土壤盐碱化威胁严重；在黄河及海河上中游的黄土地带，还存在着严重的水土流失现象。

3.水分充足地区

水分充足地区包括苏南、浙江、皖南、福建、广东、广西、湖南、湖北、江西、云南、贵州、四川、海南及台湾等省区，这些地区雨量充沛，年降雨在800mm以上，是我国主要水稻产区。但这些地区由于降雨的分布与水稻生长季节的田间需水不相适应，仍多有旱象发生，因此仍需要发展灌溉。此外，长江中下游平原低洼地区、太湖流域老河网地区及珠江三角洲等地，汛期外河水位经常高于田面，内水不能外排，洪涝威胁也很严重。

（三）农田水利措施

农田水利措施包括改变地区水情和调节农田水分状况两个方面。改变地区水情是一项巨大而复杂的工作，不仅要考虑农业生产，还应考虑其他用水部门的要求，即对水资源必须进行全面规划、综合利用。我们既要为农业生产创造有利的环境，为调节农田水分状况奠定必要的基础，又要为国民经济的全面发展创造有利的条件。因此，改变地区水情必须在当地区域规划的基础上进行。改变和调节农田水分状况是农田水利的基本任务，其措施一般有下列两种：

1.灌溉措施

水利灌溉是农作物健康生长的关键，它能够保证源源不断的水分供给，促进作物健康生长发育，提高作物产量和品质。

（1）加快农田水利设施建设

针对年久失修的农田水利设施，我们应该及时进行升级改造或者重新建造；对于灌溉渠道堵塞淤积的现象，应该及时进行清理，延长灌溉渠道的使用寿命。为了确保资金使用得科学合理，我们还应该明确维护管理责任，加大资金投入力度，从而促进农田水利事业的健康发展。

（2）加大节水灌溉技术的推广应用

当前，在农业灌溉过程中，很多农民群众一直沿用传统大水漫灌模式，水资源浪费严重，还不利于农作物的产量和品质的提高。我国是农业大国，水资源消耗大国，在农田灌溉过程中，需要我们积极推广应用新型的节水灌溉技术，这样既能够保证农作物生长发育过程中有充分的水分供给，提高土壤湿润程度，还能够降低对水资源的不合理利用，提高水资源的利用效率。我们要积极推广应用低压管道灌溉技术、喷灌技术、滴灌技术、微灌技术。

（3）加强基础设施建设

在对农田原有的灌溉设施进行维护保养的基础上，我们还应该加大基层地区的水利设施建设：一方面，应该制定完善的农田水利灌溉基础设施的建设设计方案，并在建设过程中按照相关方案严格执行；另一方面，还应该结合不同地区的降雨特性、农作物种植情况，制定有针对性的基础设施建设方案，基础设施建设过程中能够充分体现当地的气候环境特点和地理特点。

2.排水措施

借修建排水系统将农田内多余水分排泄至一定范围以外，使农田水分保持适宜状态，满足养料和热状况的要求，以保证农作物的正常生长。在盐碱化地区，排水系统具有降低地下水位和排除盐分的作用。此外，我们需要有效地改变和调节农田水分状况及其相关的养料、通气、热状况，不断提高土地的肥力，还必须考虑采取水利和农、林等相结合的综合性措施。

三、水力发电

（一）水电建设的重要作用

用水能来发电，是水资源开发利用中的一项重要内容，也是解决我国能源问题的一种有效方法。为了建立现代科技基础，促进工业发展，实现农业技术改造，全面提高人民物质文化生活水平，必须重视电力工业建设的作用。

水电就是用水来发电。水在大自然中循环，水可以通过自然循环来补充，因此与煤炭、石油等不可再生资源不同，水能是一种可再生能源。而且，水电不会对环境造成污染，发电费用也比热电厂低。

（二）水力发电措施

水头和流量的数值，直接决定着水能的大小。瀑布、河流急滩段等落差集中的地点，是建造水电站的有利地形。例如，我国有名的贵州黄果树大瀑布就蕴藏着大量的水能。

对于天然河流，若要利用它的水能进行发电，我们必须对它进行控制和改造。一方面，天然河流的流量变化较大，需要修建水库对径流进行调节，使它符合水电站的用水需要。另一方面，天然河流的落差大多分散在河流的全长上，为了利用某一河段的水能，必须把这一河段上分散的落差集中起来，形成水电站的水头。

水力发电通常是在河流上筑坝或修引水道，集中河段落差取得水头，并调节径流取得流量，引导水流通过电站厂房中安装的水轮发电机组，将水能转变为机械能和电能，然后通过输变电线路，把电能输入电网或送到用户。

四、水土保持

（一）水土流失现象的严重性

由于地面被覆不良，水分涵养条件差，降雨时雨水大量流动，侵蚀和冲刷地表土壤，造成水分和土壤流失的现象，叫作水土流失。水土流失的形式除雨滴溅蚀、细沟侵蚀、浅沟侵蚀、切沟侵蚀等典型的土壤侵蚀形式外，还包括河岸侵蚀、山洪侵蚀、泥石流侵蚀及滑坡等侵蚀形式。水的损失在中国主要是指坡地径流损失。

水土流失是我国土地资源遭到破坏的最常见的地质灾害，其中以黄土高原地区最为严重。我国目前水土流失总的情况是：点上有治理，面上有扩大，治理跟不上破坏。

（二）水土保持措施

工程措施、生物措施和蓄水保土耕作措施是水土保持的主要措施。

1.工程措施

工程措施，是指防治水土流失危害，保护和合理利用水土资源而修筑的各项工程设施，包括治坡工程（各类梯田、台地、水平沟、鱼鳞坑等）、治沟工程（如淤地坝、拦沙坝、谷坊、沟头防护等）和小型水利工程（如水池、水窖、排水系统和灌溉系统等）。

2.生物措施

生物措施，是指为防治水土流失，保护与合理利用水土资源，采取造林种草及管护的办法，增加植被覆盖率，维护和提高土地生产力的一种水土保持措施。该措施主要包括造林、种草和封山育林、育草。

3.蓄水保土

蓄水保土，是指以改变坡面微小地形，增加植被覆盖或增强土壤有机质抗蚀力等方法，保土蓄水，改良土壤，以提高农业生产的技术措施，如等高耕作、等高带状间作、沟垄耕作少耕、免耕等。

五、水源保护

（一）水污染的类型

水污染主要是由人类活动产生的污染物造成，包括工业污染源、农业污染源和生活污染源三大部分。

（1）工业废水是水域的重要污染源，具有量大、面积广、成分复杂、毒性大、不易净化、难处理等特点。

（2）农业污染源包括牲畜粪便、农药、化肥等。

（3）生活污染源主要是城市生活中使用的各种洗涤剂和污水、垃圾、粪便等，多为无毒的无机盐类。生活污水中含氮、磷、硫多，致病细菌多。

（二）水污染的防治措施

1.减少和消除污染物排放的废水量

（1）可采用改革工艺，减少甚至不排废水，或者降低有毒废水的毒性。

（2）重复利用废水。尽量采用重复用水及循环用水系统，使废水排放减至最少或将生产废水经适当处理后循环利用。如电镀废水闭路循环，高炉煤气洗涤废水经沉淀、冷却后再用于洗涤。

（3）控制废水中污染物浓度，回收有用产品。尽量使流失在废水中的原料和产品与水分离，就地回收，这样既可减少生产成本，又可降低废水浓度。

（4）处理好城市垃圾与工业废渣，避免因降水或径流的冲刷、溶解而污染水体。

2.进行区域性综合治理

（1）在制定区域规划、城市建设规划、工业区规划时都要考虑水体污染问题，对可能出现的水体污染，要采取预防措施。

（2）对水体污染源进行全面规划和综合治理。

（3）杜绝工业废水和城市污水任意排放，规定标准。

（4）同行业废水应集中处理，以减少污染源的数目，便于管理。

（5）有计划治理已被污染的水体。

3.加强监测管理

（1）设立国家级、地方级的环境保护管理机构，执行有关环保法律和控制标准，协调和监督各部门和工厂保护环境、保护水源。

（2）颁布有关法规，制定保护水体、控制和管理水体污染的具体条例。

六、供水排水

这里所讲的供水是指供给城镇人民生活和工矿企业生产的用水，排水是指排除工矿企业及城市废水、污水和地面雨水。供水必须满足用水水质标准，排水必须符合国家规定的污水排放标准。

（一）供水与人类生活、生产的关系

水是人类生活、生产不可缺少的物资。古代有不少城市，由于河道变迁水源枯竭，逐渐湮没。例如，我国新疆发现几座遗址，就是这种原因造成的。现代，由于工农业生产的发展，对供水要求更为迫切。一个百万人口的城市，生活用水每天在4万t以上，而且随着生活水平的提高，用水量继续增大。工农业生产也离不开水，生产1t钢需要用水20～40m^2，生产1t纸需用水200～500m^2，生产1t氮肥需水500～600m^2，生产1t玉米需水600～800m^2，生产1t小麦需水700～1300m^2，生产1t稻谷需水1400～200m^2。可以说，没有水现代化生产就无法进行。

（二）我国现代化建设对水的需求

随着国民经济的全面发展，城市用水供需矛盾日益尖锐。全国有150多个城市发生水荒，严重缺水的有青岛、大连、天津、北京、邯郸等城市，主要原因是水源不足。为此修建了引滦入津工程、京密引水工程和引碧入连工程等，为天津、北京和大连的供水提供了保证。随着工农业生产的发展、人民生活水平的提高，需要的用水量必然不断增长。如基本按需供给，则仅工业和生活用水方面的供水能力，就相当于目前城市自来水厂和工厂自备水井总供水量的2.5倍。

（三）节约用水与供排措施

目前，我国很多地方，一方面严重缺水，另一方面却又浪费惊人。在农业用水方面，一些地区仍采用大水漫灌的方法，灌溉用水的有效率一般只有25%～40%。在工业用水方面，单位产品耗水量要比经济发达国家高出5～10倍。因此，在农业灌溉上，做好工程配套，渠道防波，改变大水漫灌，采用畦灌、喷淋、漫灌、渗泄等节水灌溉技术；在工业上，采用省水新工艺，降低单位产品耗水量，提高水的重复利用率，减少废水排放量。这些节约用水措施，不仅是必要的，也是有效的。供、排水措施，应在流域规划和地区规划统一指导下，统一调配水量，反对各自为政，过量取水；严格控制排放污水的水质水量，确保水源不受污染。在必要时，我们可以采取蓄水、调水措施，如建水库、开运河、南水北调等。为实现供水，必须修建由水源取水的建筑物，如进水闸、抽水站等，修建沉砂、输水和净化设施以及水塔和配水管道等，将水送到用户。排水须通过排水沟道将污水、废水集中处理，由排水闸或抽排站排入容泄区。

七、水上运输

发展水上运输对物资交流、市场繁荣、促进经济和文化发展是很重要的。水上运输运费低廉，基建费省，运输量大。我国江河众多，通航里程约10.9万km，而且江河布局有利于水运。大江大河贯穿东西，大小支流从南北汇入江河，构成纵横交错的天然河网布局。大多数河流流量丰沛、比降平缓，发展内河运输条件十分优越。而且，多数河流汇入大海，河运与海运可以相衔接；终年不冻，可以四季通航。

我国是世界上最早开凿运河的国家，运用时间也最长，如邗沟、鸿沟、灵集、南北大运河等，都是我国著名的古代运河。特别是南北大运河，不仅历史悠久，而且直到现在还是世界上最长、规模最大的一条人工河道。大运河的修建，最早在战国时期（公元前485年）吴国开邗沟，即从现在江苏省扬州市邗江区瓜洲附近引长江水北上到淮安入淮河，连通了江淮两大水系。公元605年至公元610年，隋王朝征集数百万人，用了六年时间，开成一条南达余杭、北抵涿郡，全长240km的水运通道，这就是隋代大运河。它将海河、黄河、淮河、长江、钱塘江等水系连接了起来。元代建都北京后，于公元1289年及公元1292年，修建了通惠河及会通河，构成了现代南北大运河。船只可以从杭州至通州，保证了明、清两代的南粮北调。后因黄河决口，大运河已不能全线通航。

内河航运要求河流能经常保持一定的水深，而且水流速度不能太大，否则逆水航行将会很困难。内河航运的工程措施是：疏浚和整治天然河道，开挖人工运河，以及修建码头、航标和护岸设施等。内河水道有时为了获得足够的航深和平稳的流速，需修建一系列的节制闸和船闸等建筑物。拦河筑坝的航道需修建过坝建筑物，如船闸、升船机和筏道等。

近几年，通过江河治理、航运建筑物的兴建以及水库枢纽对径流的调节，我国内河航运的通航里程和运输量不断提高。沿海许多港口进行了大规模的扩建与改建，新建了一些船坞和码头，有的达到现代化水平，可接纳大型远洋船舶。并且，有些海轮可直接驶入内河。例如，长江就有100多千米河道可以畅行万吨巨轮。

八、渔业水利

渔业又称水产事业，它是从海洋和淡水水域获取各种有经济价值的水生动物和植物的生产事业。海洋渔业和淡水渔业是整个水产事业的两大组成部分。淡水渔业又有两个方面：一是捕捞天然生长的鱼、贝、藻等；另一是人工培育养殖。前者称捕捞生产，后者称淡水养殖生产。

我国不仅有广阔的海岸线和星罗棋布的岛屿，而且江河纵横，湖泊众多。我国地处温带和亚热带，气候温和，水温适宜，鱼类的生长时间长，具有发展渔业生产的良好的自然条件。随着水利建设的发展，将会出现更多的水库和沟渠，水域面积将不断增加，我国渔业生产的潜力是很大的。

远在公元前1200年的商代，我国就已有从事养鱼生产的记载。池塘养鱼，在春秋战国时期已很繁荣，当时范蠡把积累的养鱼经验，写成世界上第一部养鱼名著《养鱼经》。但由于长期受封建社会的束缚，养殖经验得不到总结，养殖技术得不到发展，甚至有关养殖的著作也很少流传，致使我国的渔业生产和其他生产事业一样长期停滞不前。

鱼类一直是人们喜爱的食品。鱼除了可供食用外，还可以提炼出高级润滑油、鱼鳞胶、鱼肝油、鸟粪及咖啡因等工业和医药原料。就是鱼的内脏和骨骼也可以制成鱼粉，作为家禽、家畜的饲料和农业的肥料使用。发展渔业生产，对于改善人民生活具有重大的作用。渔业是国民经济中的一个重要部门，因此水利工程建设必须兼顾渔业生产的利益。渔业生产具有投资小、收效快、成本低、利润大和增产迅速、稳妥可靠等特点。发展渔业还有综合利用水利工程设施，提高基本建设的投资效益的重大意义。养鱼还有利于农业和渔业相互促进，以及改善生态卫生的作用。

第三节 水坝水电站工程的生态影响和生态效应

一、对水生物的影响问题

河流被水坝阻断了水生物的通道，必然改变了鱼类的生存环境，特别是洄游鱼类，阻断了它们繁殖产卵的途径，可能导致某些鱼类的消亡。我们应该科学地研究原有河流的水生物的种类种群、数量和生活习性，在选择建坝方案中应尽可能避开鱼类的产卵繁殖场，研究开辟新的繁殖场；建坝时要考虑建设鱼道的可能性，保护鱼类的通道，采用人工繁殖技术，保护鱼种的繁殖，建立鱼类保育中心；对某些已经濒临消亡的鱼种，从保护生物多样性的角度应该建立基因库；为了满足人类获得更多的食用鱼，可以在水库放养优良品种的鱼类，提高经济价值。上述这些对策是有很多成功的例子，如美国哥伦比亚河上梯级电站的坝上修建的一系列鱼道、巴西伊泰普水电站新建成的鱼道、长江三峡工程的中华鲟人工繁殖研究所、新安江水库（千岛湖）的人工放养等，都是值得推广的。应该看到，当前我国内河的鱼类数量急剧减少的主因是水质的污染、捕捞过量和航运及人类活动的干扰，并非都是水坝惹的祸。

二、水库淹没土地的损失问题

兴建水库虽然要淹没土地，但同时获得了水面。我国是一个大陆国家，960万km^2的国土面积内湖泊水面只有71787km^2，约占国土总面积的0.0075%，这一自然状况说明我国大陆的储水能力太低。损失一些陆地面积换取一些水面，从总体来说是有利于我国生态与环境改善的。当然，在水库水坝以及流域规划过程中，要千方百计减少甚至避开肥沃的平原和繁茂的森林植被。事实上，在我国的西部，河流的水电开发基本都在河流的上游，绝大部分属峡谷型水库，淹没损失的土地大多数是贫瘠的坡地。从防洪减灾看，洪水灾害本质上是人与水争夺陆地面积。人类不能无限制地围湖开垦，占夺水面，应该理性地让出一些陆地面积，如兴建水库和在下游设置分洪区，以容纳超量的降水。以三峡水库为例，陆城面积转换为水面积为638km^2，其中耕地2.38万hm^2（即238km^2），经济林地0.49万hm^2（即49km^2），其他351km^2为贫瘠的岩石边坡，而得到的是下游肥沃的江汉平原4万km^2土地的安全保障。换句话说，用劣质的少量的土地换得优质的平原土地，给超量的洪水留出了陆地储蓄能力。

三、水库移民问题

（一）水库移民

按其意愿分为两类：一类是自愿移民，一般是指为了生存、发展的需要，自愿迁移到新的地区永久居住的人口；另一类是非自愿移民，主要是因为较大规模的工程建设或为了某种特殊需要，居民的房屋和土地等主要的生产生活资料将被占用或被淹没，现有生存条件将不复存在，受到直接或间接影响必须迁移的人口。

按导致的原因和现象，可以分为工程性移民（由水利、电力、交通等各类工程建设引起）、灾害性移民（洪水、地震等引起）、生态环境性移民（沙漠化地区、湿地、水源地、自然保护区等）、战争性移民、政治性移民、经济性移民

（包括扶贫、自主迁移等）。

（二）水库移民的主要特点

水库移民主要具有以下特点：

1.长期性

水库移民迁建大致可以分为三个阶段：一是前期淹没处理阶段，需3～5年甚至更长的时间；二是移民迁建实施阶段，需要3～5年；三是后期扶持恢复发展生产阶段，需10～20年。

2.补偿性

基于公平与市场原则以及为了赢得受影响人口的配合，工程业主单位一般要给予受影响人口一定的经济补偿。

3.时限性

一般以工程建设的进展及其实际发生作用的时间安排为依据，所受影响人口必须在规定时间内完成搬迁工作。

4.社会性

水库移民迁安会不同程度地涉及移民的社会重建。低估或处理不当水库移民的社会性，都会严重影响工程的经济和社会效果。

5.风险性

工程设计中移民安置规划往往与工程建设后的效益和移民生活水平的恢复与提高密切相关，同时移民安置是一个极其复杂的过程，其成败取决于规划的落实。

6.政策性

水库移民是一项政策性极强的工作，因为许多大规模的工程建设都是以政府发动或以政府部门为业主单位的形式来进行的，在工程建设和移民安置过程中必须严格执行国家有关法规政策。

对老水库移民，各级政府给予了扶持；对新建水库的移民提高了补偿标准，明确了后扶持政策，加强了移民开发区的各项政策，从总体上说移民的生活质量得到了提高。以三峡工程为例，可以说我国水库移民已走出了一条成功可行的道路。我国的水库绝大多数建在贫困的山区，土地资源匮乏，为解决山区贫困居民的脱贫致富，进行合理的搬迁，走进现代人的生活环境，水库移民对于一个民族来讲是一个进步。

四、水库泥沙淤积问题

任何一条河流河水中都有泥沙，这是由降雨对陆上岩土层的侵蚀造成的。上游冲刷下游淤积，形成出海口的冲积平原，这是自然规律。这一自然演变的后果是下游河床抬高，行洪能力降低，造成洪水灾害。在上游河段兴建了水库，部分泥沙必然沉积于水库中，其中粗颗粒的砂石淤积于水库的末端，堵塞上游河道，造成上游洪水位的升高。

以长江三峡水库为例，一直有人担忧三峡水库会走河南省三门峡市的老路。经过多年论证分析所积累的泥沙资料，进行大规模的泥沙模型试验，并模拟水库运行方式，得出泥沙淤积的量级分析资料，结论是采用蓄清排浑的水库运行方式，通过合理调度水库，可以长期保持80%以上的库容，不会出现河南省三门峡市现象。三峡水库自蓄水以来，通过严密的监测，入库的泥沙量逐年递减，主要原因是上游干支流水库逐个形成，部分泥沙分散在上游的水库中，加上上游植被的保护以及暴雨分布的随机性等多种因素，三峡水库的淤积量比预计的要少，当然这还要经过长期严密的监测才能得出最终的结论。部分泥沙淤积在水库里，大坝下泄的水变清了，在一段时间内对下游河道会出现冲刷，会导致下游河道水面下降，也会造成不良影响。因此，须对重点部位采取一定的保护措施，河道最终会达到冲淤平衡，趋向稳定。

总之，以科学的态度对待水库泥沙淤积问题，采取一定的综合措施，最终达到冲淤平衡，是可以避免灾害性的淤积的。

五、水质污染问题

“流水不腐，户枢不蠹”，形成水库，流速减缓，会造成水库水质的污染：污水和废物排放后发酵腐朽，氮磷含量增加，从而造成水质的污染。对于热带地区的多年调节水库，这类水质污染问题尤为严重；而对于其他年（季）调节水库，因为水体更新快，不致发生这类污染现象。水坝水电站本身并不排放废水废物，污染源均来自沿水库周边人居城镇的生活、工业废物废水的排放及农业面源污染。治污必须治源，江河不能成为排污的通道。没有水库也应加快治污，才能真正地保护江河环境。有了水库，促进了库区城镇垃圾和污水处理工程的建设，要理顺管理体制，依法执行，加大执法力度，早日实现我国的江河湖水库的水质达到国家规定的标准。这是中国人民的一件大事，也是全民族自己的事。

从本质上讲，水资源的紧缺是过多地一次性地利用了清洁的水，排放了污水。而对大自然来说，水分子（H_2O）一个也没有减少。为此要大力提倡节约用水，发展污水处理技术和设备，加强中水的再利用，提高水资源的利用效率。

六、地震及地质灾害问题

水库抬高了原有的水位，对河床岩面增加了水的重量。在每平方米的岩面上水深增加10m就是10t，如水深提高100m就是100t，这些重量改变了库区地层的受力情况，在岩层应力调整过程中地质构造会产生微量的变形，引起的地震称为水库诱发地震。根据国际大坝委员会的统计，全世界大型水库发生诱发地震的概率为0.2%。我国是一个多地震的国家，据统计，库容1亿立方米以上的大型水库出现诱发地震的概率平均为5%。是否会出现诱发地震，取决于坝区、库区的地质构造。诱发地震一般烈度不大，我国新丰江水库蓄水过程中曾出现6.1级地震，是世界上水坝最大诱发地震的第四位，其他水库都远低于这一震级。在原发地震高发地带，都应根据中国地震局提供的该地区地震基本烈度，在大坝设计的设防烈度上留有足够的安全余地。对水库库岸的安全稳定问题，应在水库蓄水前进行全面的查勘，必要的地段要进行加固。移民安置区应该规避可能出现滑坡和坍塌地带，避免地质灾害的发生。

七、坝工程自身的安全问题

水坝工程的安全一直是人们关心的重要问题，自古以来因溃坝所造成的灾害并不少见。溃坝事故造成的次生灾害比任何其他工程损毁更为严重，水利工程师必须清醒地认识到这一点，要对社会负起责任来。

水坝工程损毁的可能性来自人为和自然两个方面。人为因素中最令人关注的是战争破坏以及现代社会的诸多不测因素，都可能造成人为的损毁。在工程设计中必须考虑相应的对策和预案，如及时放空水库的可能和结构上有足够的抗暴能力，在任何情况下能避免发生次生灾害。自然的因素如洪水和地震超过了预设标准，引起水坝工程损毁，这就需要不断认识自然，探索自然规律。为避免可能造成的次生灾害，在设计和施工中宁可保守一点，切不可为降低造价而降低标准。

八、文物古迹问题

自古以来，人类都依水而居。兴建水库会淹没一部分文化古迹，有一部分在地表容易得到保护，有的可以原地保护，也有的可以迁移保护，都是容易做到的；有一部分埋在地下的，则应认真勘探，考古学家鉴定后进行发掘保护。如埃及阿斯旺水库古庙的搬迁，我国三峡水库的张飞庙、屈原祠，以及白鹤梁的水下古迹，既保护了历史文物，又保护了民族文化。

上述列举了水坝工程形成水库对环境影响的主要方面，其实还不止这些。由此而引起的生态影响是可以用科学的手段和办法，尽力缩小或规避不利的一面的，在工程的实践中应该不断地加深对客观事物的认识，提出相应的对策，但绝不是不可知的和无可作为的。这些也绝不可能构成不能建坝的理由。

水利工程本质上是要改善已经失去的平衡，保护良好的环境。一直困惑我国、制约我国经济持续健康发展的是北方缺水和能源电力的紧缺问题。我国黄河流域缺水，黄河断流频繁，而黄河流域经济要发展，人民生活质量亟待提高，用水量必然增加，这是一对难以克服的矛盾。黄河流域的问题本身就是生态失衡的问题，只能依靠大规模的调水工程来解决这一矛盾。长江流域有丰富的水资源，南水北调是最优的选择，而它的工程措施就是由一系列复杂的水利工程组成，这也是水利工程最重要的生态效应。

再从我国能源资源和经济可持续发展对能源的需求看，也存在着供需的不平衡，其中作为二次能源的电力是直接关系到整个社会的安全、稳定的重要因素。现代生活几乎一刻都离不开电力，我国产生电力的一次能源资源主要是煤炭。我国有丰富的煤炭资源，煤炭是化石能源，是不可再生的能源，用一点就少一点。从环境影响看，13亿t煤的燃烧要排放二氧化碳近26亿t，还有造成酸雨的二氧化硫、一氧化氮等有害气体，这对我国乃至全球的环境都会造成严重的污染。然而，我国的资源情况决定了煤电是主力。水力发电是利用水的热能发电，不产生任何废气、废水和固体废物，是清洁可再生的能源，这是最简单的原理。为了保护我们的环境，要尽可能少烧煤，多开发水电，这是能源电力的大策。《京都议定书》等重要国际公约也都主张多开发水电，我国的能源政策是大力开发水电，这是完全正确的。水电站的最重要的工程就是水坝工程，从这一点看就是水坝工程的生态效应。

一切环境和生态的最终尺度是人，我们保护自然界的一切生物、自然景观、文化古迹，都是为了人类的可持续发展，环境保护是为了我们明天的生态，这就是以人为本。水利工程尤其是水坝水库工程的生态效应是巨大的，科学地规划，认真地设计、建造和规范地运行极其重要，是可以减少和避免生态的负面影响的。

第三章　水利水电工程地质勘察技术

第一节　工程地质测绘

工程地质测绘是运用地质理论和技术方法，对工程场区各种地质现象进行观察、量测和描述，并标识在地形图上的勘察工作。工程地质测绘是水利水电工程地质勘察的基础工作，其任务是调查与水利水电工程建设有关的各种地质现象，分析其性质和规律，为评价工程建筑区的工程地质条件提供基本资料，并为钻探、坑探（洞探、井探、坑槽探）、物探、试验和专门性勘察工作提供依据。

工程地质测绘的范围一方面取决于建筑物类型、规模和设计阶段，另一方面取决于区域工程地质条件的复杂程度和研究程度以及工程作用影响范围。通常，当建筑规模大，并处在建筑物规划和设计的开始阶段，且工程地质条件复杂而研究程度又较差的地区，其工程地质测绘的范围就应大一些。

工程地质测绘的比例尺主要取决于不同的设计阶段。在同一设计阶段内，比例尺的选择又取决于建筑物的类型、规模和工程地质条件的复杂程度以及区域研究程度。工程地质测绘的比例尺S可分为小比例尺（S≤1：50000）测绘、中比例尺（1：50000<S<1：5000）测绘和大比例尺（S≥1：5000）测绘。水利水电工程地质勘察阶段的任务和内容见表3-1所示。

表3-1　水利水电工程地质勘察阶段的任务和内容

勘察阶段	目的、任务	内容
规划阶段	应对规划方案和近期开发工程选择进行地质论证，并提供工程地质资料	①了解规划河流、河段或工程的区域地质和地震概况；②了解规划河流、河段或工程的工程地质条件，为各类型水资源综合利用工程规划选点、选线和合理布局进行地质论证，重点了解近期开发工程的地质条件；③了解梯级坝址及水库的工程地质条件和主要工程地质问题，论证梯级兴建的可能性；④了解引调水工程、防洪排涝工程、灌区工程、河道整治工程等的工程地质条件；⑤对规划河流（段）和各类规划工程天然建筑材料进行普查
可行性研究阶段	应在河流、河段或工程规划方案的基础上选择工程的建设位置，并应对选定的坝址、场址、线路等和推荐的建筑物基本形式、代表性工程布置方案进行地质论证，提供工程地质资料	①进行区域构造稳定性研究，确定场地地震动参数，并对工程场地的构造稳定性作出评价；②初步查明工程区及建筑物的工程地质条件、存在的主要工程地质问题，并作出初步评价；③进行天然建筑材料初查；④进行移民集中安置点选址的工程地质勘察，初步评价新址区场地的整体稳定性和适宜性
初步设计阶段	应在可行性研究阶段选定的坝（场）址、线路上进行。查明各类建筑物及水库区的工程地质条件，为选定建筑物形式、轴线、工程总布置提供地质依据。对选定的各类建筑物的主要工程地质问题进行评价，并提供工程地质资料	①根据需要复核或补充区域构造稳定性研究与评价；②查明水库区水文地质、工程地质条件，评价存在的工程地质问题，预测蓄水后的变化，提出工程处理措施建议；③查明各类水利水电工程建筑物区的工程地质条件，评价存在的工程地质问题，为建筑物设计和地基处理方案提供地质资料和建议；④查明导流工程及其他主要临时建筑物的工程地质条件，根据需要进行施工和生活用水水源调查；⑤进行天然建筑材料详查；⑥设立或补充、完善地下水动态观测和岩土体位移监测设施，并进行监测；⑦查明移民新址区工程地质条件，评价场地的稳定性和适宜性
招标设计阶段	应在审查批准的初步设计报告基础上，复核初步设计阶段的地质资料与结论，查明遗留的工程地质问题，为完善和优化设计及编制招标文件提供地质资料	①复核初步设计阶段的主要勘察成果；②查明初步设计阶段遗留的工程地质问题；③查明初步设计阶段工程地质勘察报告审查中提出的工程地质问题；④提供与优化设计有关的工程地质资料
施工详图设计阶段	应在招标设计阶段基础上，检验、核定前期勘察的地质资料与结论，补充论证专门性工程地质问题，进行施工地质工作，为施工详图设计、优化设计、建设实施、竣工验收等提供工程地质资料	①对招标设计报告评审中要求补充论证的和施工中出现的工程地质问题进行勘察；②查明水库蓄水过程中可能出现的专门性工程地质问题；③优化设计所需的专门性工程地质勘察；④进行施工地质工作，检验、核定前期勘察成果；⑤提出对工程地质问题处理措施的建议；⑥提出施工期和运行期工程地质监测内容、布置方案和技术要求的建议

工程地质野外测绘工作应按下列基本步骤进行：①测制地层柱状图；②观察描述、标测地质点和地质线路；③勾绘地质图；④测制典型地质剖面图。

工程地质测绘使用的地形图应是符合精度要求的同等或大于工程地质测绘比例尺的地形图。图件的精度和详细程度应与地质测绘比例尺相适应。图上宽度大于2mm的地质现象应予测绘，在图上宽度不足2mm的具有特殊工程地质意义的地质现象，如大裂隙、岸边卸荷裂隙、软弱夹层、断层、物理地质现象等，应扩大比例尺表示，并注示其实际数据。为了保证精度，在任何比例尺地质图上，界线误差不得超过2mm。工程地质测绘的精度还取决于单位面积上地质点的数量和观察线的长度。

工程地质测绘的基本方法可分为利用遥感影像技术进行地质调查的地质遥感测绘法和进行地质点标测及地质界线穿越、追索观察的实地测绘法。小比例尺测绘宜以地质遥感测绘为主，中比例尺测绘宜采用地质遥感测绘与实地测绘相结合的方法，大比例尺测绘应采用实地测绘法。

在测绘中，通常要选作几条具有代表性的实测剖面图，以反映测区的地质条件。可沿垂直于岩层走向或垂直于主要构造线的方向，也可沿大坝、厂房、隧洞、溢洪道、渠道的轴线或横断面方向选定剖面线方向，依据地形坡度变化和岩层出露宽度进行分段，并选取适当的纵、横比例尺。然后，布置测点，用地质罗盘或经纬仪测定方位和地形坡度；用皮尺量距并详细观测记录岩层产状、地质构造、岩性变化，并采取标本进行编号。最后，用规定的符号将上述观测内容表示在剖面图上。

第二节　工程地质勘探

一、概述

工程地质勘探是在工程地质测绘的基础上，为了进一步查明地表以下一定深度范围的地质条件而进行的。勘探工作布置应与不同设计阶段的工程地质勘察任务密切配合。按勘探方法不同可分为坑探、钻探和物探。勘探工作主要探明以下问题：

（1）揭露地层岩性的变化规律，如覆盖层的性质和厚度、岩体性质及风化带的特征、软弱夹层及可溶性岩层的特性与分布等。

（2）查明地质构造，如岩层产状变化、构造形态、断层性质、破碎带的特征、裂隙密集带的分布及随深度变化的规律等。

（3）了解地下水水位的变化、埋藏条件、含水层特征、库坝区的渗漏途径、岩溶的分布发育规律、滑坡体的位置及性质等。

（4）采取岩土样，以便进行室内岩土物理力学性质试验、岩土体现场力学试验、水文地质现场试验及灌浆等岩土改良措施试验，以及长期观测工作等。

（5）查明地貌和不良地质现象的规模、物质结构和空间分布范围。

（6）探明天然建筑材料的分布范围、储量及质量评价。

勘探布置的基本原则有：①勘探布置应在工程地质测绘的基础上进行，遵循"由面到点""点面结合"的原则；②考虑综合利用和适时调整的原则；③勘探布置与建筑物类型和规模相适应的原则；④勘探布置应与地质条件相适应的原则；⑤勘探布置密度与勘察阶段相适应的原则；⑥勘探孔、坑的深度满足地质评价需要的原则；⑦勘探布置选取合理勘探手段的原则，在勘探线、网中的各勘探点，应视具体条件选择物探、钻探、洞探、坑槽探等不同的勘探手段，互相配合，取长补短。例如，一般情况下，枢纽建筑勘探中，以钻探、洞探为主，以坑探、井探、物探为辅。

二、坑探

坑探是用人工或机械掘进的方式来探明地表以下浅部的工程地质条件，主要包括探坑、浅井、探槽、平硐、斜井、竖井、河底平硐等。坑探的特点是使用工具简单，技术要求不高，运用广泛，揭露的面积较大，可直观准确地揭露、了解和识别地质现象，同时利用坑探进行岩土体取样、物理力学性质试验、监测等。但勘探深度受到一定限制，且成本高、周期长。

在水利水电工程勘探中常用的坑探类型、特点及用途见表3–2所示。

表3-2　常用的坑探类型

勘察阶段	目的、任务	内容
探坑	深度小于3m，断面“V”字形，一般不支护	局部剥除地表覆土，揭露基岩，做载荷试验、渗水试验，取原状样
浅井	深度大于3m、小于10m，断面一般呈圆形或方形，根据需要进行支护	确定覆盖层及风化层的岩性及厚度，取原状样，做载荷试验、渗水试验
探槽	在地表垂直岩层或构造线挖掘成深度小于3m的长条形槽子。深度不超过1m的探槽可垂直挖掘为矩形断面。深度在1～3m的探槽，宜采用倒梯形断面，其底宽为0.6m，两壁倾斜角一般为60°～80°	追索构造线、断层、探查残积、坡积层及风化岩石的厚度和岩性，了解坝接头处的地质情况
竖井	形状与浅井同，但深度超过10m，一般在平缓山坡、漫滩、阶地等岩层较平缓的地方，有时需支护。竖井断面一般为矩形，随竖井深度的变化，净断面尺寸（长×宽）分别为2.5m×1.5m、3m×1.6m、4m×2m等	了解覆盖层厚度及性质，进行风化壳分带，确定软弱夹层分布、断层破碎带及岩溶发育情况、滑坡结构及滑动面等
平硐	在地面有出口的水平坑道，深度较大，适用于较陡的基岩边坡，有时需支护。平硐断面形状一般为梯形。随平硐深度的变化，净断面规格（高×宽）有1.8m×1.8m、2.0m×2.0m、2.2m×2.2m、2.2m×2.5m等	调查斜坡地质结构，对查明地层岩性、软弱夹层、破碎带、卸荷裂隙、风化岩层等，效果较好，还可取样或做原位岩体力学性质试验及地应力量测

三、钻探

钻探是利用一定的设备和工具，在动力的带动下旋转切割或冲击凿碎岩石，形成一个直径较小而深度较大的圆形钻孔（一般为59～150mm）。钻探是工程地质勘察的主要手段之一。

（一）工程地质钻探的目的

工程地质钻探的目的是：①揭露并划分地层，鉴定和描述岩土性质和成分；②了解地质构造和不良地质现象的分布、界限及形态等；③自钻孔中采取岩土样品，确定岩土的物理力学性质；④了解地下水的类型，测量地下水水位，采取水样，分析地下水的物理和化学性质；⑤利用钻孔进行孔内原位测试（如十字板剪切试验、旁压试验、标准贯入试验等）、水文地质试验（如抽水试验、压水试验等）和长期观测等。

与物探相比，钻探的优点是可以在各种环境下进行，能直接观察岩芯和取样，勘探精度高。与坑探相比，钻探的勘探深度大，不受地下水限制，钻进速度快。

（二）钻探的基本程序

（1）破碎岩土。钻进过程中采用人力或机械（绝大多数情况下采用机械钻进），以冲击力、剪切力或研磨形式使小部分岩土脱离母体而成为粉末、小岩土块或岩土芯的现象就称为破碎岩土。

（2）采取岩土芯或排除破碎岩土。

（3）加固孔壁，防止孔壁坍塌。

（三）钻进方法

工程地质勘探中常用的钻进方法分为回转、冲击、冲击回转等类型。

（1）回转钻进。回转钻进是指依靠回转器或孔底动力机具转动钻头破碎孔底岩石的钻进方法。适用于土层和岩层，但对于卵石、漂石等地层效率很低。回转钻进按破碎岩土工具或磨料性质分类，有金刚石钻进、硬质合金钻进、钢粒钻进等类型。

（2）冲击钻进。借助钻具重量，在一定的冲程高度内，周期性地冲击孔底、破碎岩石的钻进叫作冲击钻进。破碎形成的岩屑由循环液冲出地面，也可用带活门的抽筒提出地面。冲击钻进可应用于多种土类乃至岩层，对卵石、漂石、块石尤为适宜。

（3）冲击回转钻进。冲击回转钻进是冲击钻进和回转钻进相结合的一种方法，即在钻头回转破碎岩石时，连续不断地施加一定频率的冲击动荷载，加上轴向静压力和回转力，使钻头回转切削岩石的同时，还不断地承受冲击动荷载剪崩岩石，形成了高效的复合破碎岩石的方法。

近年来，井下电视及孔内摄影以及计算机和计算技术等先进手段的应用，可以对孔内地质现象进行观察，从而帮助查明那些不易取得岩芯，却具有重大工程意义的软弱夹层和构造破碎带等地质现象，使钻探的优点更加突出。另外，在我国大型水利水电工程中，大口径钻进技术也正在被广泛应用，如汉江丹江口、长江葛洲坝、长江三峡、大渡河龚嘴、黄河小浪底等工程中采用的钻孔直径可达1.2m以上，既能够取出较大的岩芯，相关人员又可以直接进入孔内仔细观察地质现象。

（四）钻孔观测编录

钻探工作过程中，编录工作是反映所获得地质资料的重要环节。它主要包括观测记录和钻孔资料整理两个方面。观测编录的内容有：

（1）钻探过程中的记录分析；

（2）岩芯的观测与记录；

（3）水文地质观测记录；

（4）钻孔取样和钻孔资料编制工作等。

四、物探

组成地壳的不同岩土介质往往在导电性、弹性、磁性、密度、放射性等方面存在着差异，从而引起相应地球物理场的局部变化。以专门的仪器探测这些地球物理场的分布及变化特征，然后结合已知地质资料，推断地下岩土层的埋藏深度、厚度、性质，判定其地质构造、水文地质条件及各种物理地质现象等的勘探方法，叫作地球物理勘探，简称物探。由于物探可以根据地面上地球物理场的观测结果推断地下介质变化，因此，它相比钻探等直接勘探手段具有快速、经济的优点。但物探技术的应用具有一定的条件性和局限性，解释成果有时具多解性，需利用多种其他物探方法或适当配合钻探工作，才能收到较好的效果。

物探方法有很多种，从原理上分，主要有地震波法、声波法、电法、磁法、电磁法、层析成像法（弹性波、电磁波）及物探测井等。其中，在水利水电工程地质勘察中应用最普遍的是电法勘探、地震勘探、弹性波测试等。

（一）电法勘探

电法勘探是以地壳中岩石、矿物的电学性质为基础，研究天然的或人工形成的电场分布规律和岩土体电性差异，查明地层结构和地质构造，解决各种地质问题的方法。其中，电阻率法的基本原理是：通过接地电极将直流电导入地下，建立稳定的人工电场，在地表观测某点垂直方向或某剖面的水平方向的电阻率变化，从而了解岩层的分布或地质构造特点。

（二）地震勘探

地震勘探是根据人工震源（如锤击、爆炸、落重及空气枪）激发所产生的地震波在岩土介质中的传播规律，以探测地下的地质构造、划分地层或测定岩土力学参数的一种物探方法。根据地震波的传播方式及传播原理，可将地震勘探分为直达波法、折射波法、反射波法和瑞雷波法。

（三）声波探测

声波探测是指测定声波在岩体中的传播速度、振幅和频率等声学参数及变化，根据声波在岩土介质中的声速、声幅及频谱，推断被测岩土介质的结构和致密完整程度，从而对其作出评价。根据测试方式不同，分为表面声波探测和钻孔声波探测，其中表面声波探测分为平测法和对测法，钻孔声波探测分为单孔声波法和对穿声波法。

目前，声波法测试主要用于测试岩体的纵波、横波速度，并进行工程岩体的地质分类，分类参数有纵波速度及由此计算得到的完整性系数等。此外，还可用于测试围岩松动圈的厚度；测定岩体的弹性力学参数，如动弹性模量、动泊松比等；探测不良地质结构和岩体风化带、卸荷带；检测建基岩体质量和工程灌浆效果；爆破开挖影响范围检测；断层和岩溶等地质缺陷探查；评价混凝土强度及检测混凝土缺陷；等等。

第三节　工程地质试验及长期观测

一、工程地质试验

在工程地质勘察中，工程地质试验是取得工程设计所需要的各种计算指标的一种重要手段。它分为室内试验和野外试验两大类。室内试验是将野外采取的试样送到室内进行的。其特点是设备简单、比较经济、方法较为成熟，所测物理力学指标已被公认；但试样较小，代表天然条件下的地质情况有一定的局限性。野外试验是在天然条件下进行的，其优点是不用取样，可保持岩体天然状态和原有结构。试验涉及的岩体体积比室内试验样品大得多，因而更能反映结构面等对岩体性质的影响。但这类试验设备和试验技术较为复杂，成本高，且试验周期长。野外试验主要包括：野外岩体力学性质试验，野外水文地质试验，以及与施工方法有关的地质技术试验，如灌浆试验等。其中，野外水文地质试验主要包括下列项目：抽水试验、压水试验、注水试验、地下水流向流速试验、连通试验等。以下着重介绍部分野外岩体力学性质试验。

（一）岩体变形试验

岩体变形试验可分为承压板法试验、钻孔径向加压法试验等。

承压板法岩体变形试验是通过刚性或柔性承压板施力于半无限空间岩体表面，量测岩体变形，按弹性理论公式计算岩体变形参数。钻孔径向加压法试验是在岩体钻孔中的一有限长度内对孔壁施加压力，同时量测孔壁的径向变形，按弹性理论解求得岩体变形参数。

（二）岩体强度试验

岩体强度试验包括混凝土与岩体接触面直剪试验、岩体直剪试验、结构面直剪试验及岩体载荷试验等。这里仅介绍混凝土与岩体接触面直剪试验。

混凝土与岩体接触面直剪试验是为了研究在外力作用下混凝土与岩体接触面之间所具有的抵抗剪切的能力，一般在平硐内用双千斤顶法进行。试验施加侧向剪切荷载的方法有平推法、斜推法两种，这里仅介绍平推法。在制备好的试件上，利用垂直千斤顶对试样施加一定的垂直荷载，然后通过另一水平千斤顶逐级施加水平推力，根据试样面积计算出作用于剪切面上的法向应力和剪应力，绘制各法向应力下的剪应力与剪切位移关系曲线。根据上述曲线确定各阶段特征点剪应力，绘制各阶段的剪应力与法向应力关系曲线，确定相应的抗剪强度参数内摩擦角和黏聚力。

（三）岩体应力测量

岩体应力测量常用的方法有浅孔孔壁应变法、浅孔孔径变形法、浅孔孔底应变法以及水压致裂法测试等。以下仅简介浅孔孔壁应变法和水压致裂法。

（1）浅孔孔壁应变法。孔壁应变法测试采用孔壁应变计，即在钻孔孔壁粘贴电阻应变片，量测套钻解除后钻孔孔壁的岩石应变，按弹性理论建立的应变与应力之间的关系式，求出岩体内该点的空间应力参数。套钻时，先钻直径为36mm或40mm的内孔，将岩芯取出，后钻直径为110mm或130mm的外孔，环切一圈形成环形槽，从而使岩芯（中间为内孔）与周围岩体分离。

（2）水压致裂法。水压致裂法是采用两个长约1m串接起来可膨胀的橡胶封隔器阻塞钻孔，形成一密闭的压裂段（长约lm），对加压段加压直至孔壁岩体产生张拉破裂，根据破裂压力等压力参数按弹性理论公式计算岩体应力参数。这种方法是目前在深孔内能确定岩体应力的唯一的一种技术。

（四）简易岩体强度试验

1.点荷载强度试验

岩石点荷载强度试验是将试件置于点荷载试验仪上下一对球端圆锥之间，施加集中荷载直至破坏，据此求得岩石点荷载强度指数和岩石点荷载强度各向异性指数。本试验是间接确定岩石强度的一种试验方法。该试验方法成本低廉、操作方便，可应用于不规则的试样；无需岩样加工，有利于降低试验成本，加快试验进程；尤其是对于难以取样和无法进行岩样加工的软岩和严重风化的岩石，更显示出其优越性。

2.回弹锤击试验

回弹锤击试验是用回弹仪（国外称“施密特锤”）冲击岩体表面，根据回弹值r求取岩石抗压强度的简易测试方法。由于其结构简单、操作容易、测试迅速，回弹仪已被越来越多地应用于工程地质勘察中。

根据刚性材料的极限抗压强度与冲击锤回弹高度在一定条件下存在函数关系的原理，利用岩石受碰撞后的反作用，使弹性锤回跳的数值即为回弹仪测试值。r值愈大，表明岩石强度越大；r值愈小，表明愈软弱，强度低。根据回弹仪测试值r可将岩石强度分为四级：坚硬岩（$60<r$）、中硬岩（$35<r\leqslant 60$）、较软岩

（20<r≤35）、软岩（r≤20）。

二、长期观测工作

长期观测工作，一般在工程地质勘察初步设计阶段就应开始，并贯穿于以后各个勘察阶段，因为许多重要数据需从长期观测中获得。通常进行的长期观测内容包括地下水动态观测、地下洞室围岩变形监测、边坡（滑坡）变形监测、坝基（坝肩）岩体位移和应力监测、水库渗漏监测、地形变监测、地震监测等。

长期观测不仅在工程地质勘察过程中是一项很重要的工作，而且在建筑物修建后，为确保建筑物安全运转和验证工程地质预测或评价的结论，也具有很重要的意义。有关水利水电工程在运转期间水文地质及工程地质需长期观测的内容，见表3-3所示。

表3-3　长期观测的内容

序号	观测项目	观测内容
1	主要建筑物（坝、闸）地基岩（土）体变形、沉陷和稳定观测	①变形（水平位移和垂直位移）；②裂缝、接缝变化；③应力（压力）、应变；④扬压力、渗流压力和渗流量；⑤基岩变形；⑥岩（土）性质变化（泥化或软化）
2	渗透和渗透变形观测	①观测钻孔（坝基及两岸地区）测压管水位；②主要入渗点、溢出点和渗漏通道；③渗透流量和流速；④水质、水温和渗出水流中携出物质的成分和含量；⑤管涌
3	溢流坝、溢洪道和泄洪洞下游岩（土）体冲刷情况观测	重复地形测量和地质分析
4	岸边稳定性观测	①大地测量水平变形；②大地测量垂直变形；③地表裂缝；④渗流渗压；⑤水位；⑥雨量；⑦加固效果；⑧爆破影响
5	区域构造稳定性观测	①断裂活动性观测；②地震活动性观测
6	水库分水岭地段渗漏情况观测	①地下水水位、水质；②水库入渗点、溢出点的变化和渗透流量
7	库岸及水库下游浸没观测和翌年发展情况观测	①地下水位；②各种浸没现象，如沼泽化、盐碱化、黄土湿陷等
8	坍岸情况观测和翌后年岸情况预测	观测断面的重复地形测量（水下和水上）

续表

序号	观测项目	观测内容
9	隧洞和地下建筑物地段工程地质、水文地质观测	①变形（位移）观测；②应变观测；③应力观测；④地下水位、水压观测；⑤温度观测；⑥松弛圈观测；⑦动态观测
10	其他有意义的工程水文地质作用发展情况观测	

第四节　天然建筑材料勘察

天然建筑材料主要指天然形成的可用于工程建筑的材料，包括砂砾石料、砂料、土料及块石料等。

一、勘察目的和料场选择的基本原则

天然建筑材料勘察的目的是查明工程所需要的各类天然建筑材料料场的分布、位置、储量、质量、开采和运输条件，为工程设计提供依据。因此，天然建筑材料勘察必须结合工程设计阶段和设计方案，因地制宜地进行。

天然建筑材料料场选择的原则：

（1）在考虑环境保护、经济合理、保证质量的前提下，宜由近至远，先集中后分散，并注意各种料源的比较。

（2）应不影响建筑物布置及安全，避免或减少与工程施工相干扰。

（3）不占或少占耕地、林地，确需占用时宜保留还田土层。

（4）充分利用工程开挖料。

二、各设计阶段勘察的基本要求

天然建筑材料勘察必须结合工程设计阶段和设计方案，因地制宜地进行。天然建筑材料勘察划分为普查、初查、详查三个级别，与水利水电工程的规划、可行性研究、初步设计三个阶段相对应。

（一）规划阶段

规划阶段天然建筑材料的勘察目的是了解工程所需材料的分布情况，初选料场，并了解各类材料的质量、储量情况。

基本勘察要求包括：

（1）对规划方案所有天然建筑材料都必须进行普查。

（2）宜在规划的水利水电工程20km范围内对各类天然建筑材料进行地质调查，草测料场地质图，初步了解材料类别、质量，并估算储量，编制料场分布图。

（3）对近期开发工程或控制性工程，每个料场应根据天然露头草测综合地质图，还应布置少量勘探和取样试验工作，初步确定有用层质量。

（二）可行性研究阶段

可行性研究阶段天然建筑材料的勘察目的是初步查明初选料场的地质条件以及有用层的储量、质量和开采运输条件。

基本勘察要求包括：

（1）工程所需各类天然建筑材料必须做到：初步查明料场岩（土）层结构及岩性，夹层性质及空间分布，地下水位，剥离层、无用层厚度及方量，有用层储量、质量、开采、运输条件和对环境影响等。

（2）当天然建筑材料的初查精度不能满足建筑物形式和结构选择时，应对控制性的料源及主要料场进行详查。

（3）进行料场地质平面测绘、勘探与取样试验。

（4）勘察储量与实际储量误差应不超过40%，勘察储量不得少于设计需要量的3倍。

（5）编制料场分布图、料场综合地质图、料场地质剖面图。

（三）初步设计阶段

初步设计阶段天然建筑材料的勘察目的是详细查明选定料场的地质条件以及有用层的储量、质量和开采运输条件，并论证对环境的影响。

基本勘察要求包括：

（1）详细查明料场岩（土）层结构及岩性，夹层性质及空间分布，地下水位，剥离层、无用层厚度及方量，有用层储量、质量、开采、运输条件和对环境的影响等。

（2）进行料场地质测绘、勘探与取样试验。

（3）勘察储量与实际储量误差应不超过15%，勘察储量不得少于设计需要量的2倍。

（4）编制料场分布图、料场综合地质图、料场地质剖面图。

（四）招标和施工图设计阶段

本阶段主要是根据需要对天然建筑材料进行补充勘察和对初步设计阶段勘察的料场进行复查。

第五节　工程地质勘察成果报告

在工程地质勘察过程中，外业的测绘、勘探和试验等成果资料应及时整理，绘制草图，以便随时指导、补充、完善野外勘察工作。在勘察末期，应系统、全面地综合分析全部资料，以修改补充勘察中编绘的草图，然后编制正式的文字报告和图件等。

一、工程地质勘察报告

在工程地质勘察的基础上，根据勘察设计阶段任务书的要求，结合各工程特点和建筑区工程地质条件编写工程地质勘察报告。报告内容应是整个勘察工作的总结，内容力求简明扼要，论证确切，清楚实用，并能正确全面地反映当地的主要工程地质问题。

根据勘察设计阶段的不同，编写的报告有规划阶段工程地质勘察报告、可行性研究阶段工程地质勘察报告、初步设计阶段工程地质勘察报告、招标设计阶段工程地质勘察报告以及施工详图设计阶段工程地质勘察报告等。

工程地质勘察报告由正文、附图和附件三部分组成。报告书的内容（以初步设计阶段勘察为例）一般包括序言、区域地质概况、工程区及建筑物工程地质条件、天然建筑材料情况、结论与建议等。

（1）绪言。简述工程位置、工程主要指标、主要建筑物的布置方案；可行性研究阶段工程地质勘察提出的主要结论及审查、评估意见；本阶段工程地质勘察工作概况，历次完成的工作项目和工作量等。

（2）区域地质概况。区域地质基本条件；可行性研究阶段区域构造稳定性的结论和地震动参数；区域构造稳定性复核工作及结论。

（3）水库工程地质条件。基本工程地质条件；水库渗漏的性质、途径和范围，渗漏量及处理措施建议；水库浸没的范围，严重程度分区及防治措施建议；库岸不稳定体及坍岸的范围、边界条件、稳定性和危害程度，处理措施建议；水库诱发地震类型、位置、震级上限，对工程和环境的影响，监测方案总体情况。

（4）大坝及其他枢纽建筑物的工程地质条件。

①坝址工程地质条件，包括：地质概况，各比选坝线的工程地质条件及存在的问题，坝线比选的地质意见，选定坝线与坝型的工程地质条件、防渗条件、坝基岩体分类、坝基坝肩稳定、物理力学参数及工程处理措施建议等。

②其他枢纽建筑物的工程地质条件，包括引水隧洞、泄洪隧洞、厂址、泄洪道、通航建筑物和导流工程等的工程地质条件，工程地质问题评价及处理建议等。

（5）边坡工程、引调水工程、水闸及泵站、堤防工程、灌区、河道整治等的工程地质条件，主要工程地质问题评价及处理措施建议等。

（6）天然建筑材料情况。包括设计需求量、各料场位置及地形地质条件、勘探和取样、储量和质量、开采和运输条件等。

（7）结论与建议。包括主要工程地质结论、下阶段勘察工作的建议。

二、工程地质勘察报告附件

对在各勘察设计阶段所取得的测绘、勘探和试验资料，必须进行分析整理，编制成各种图表，成为工程地质勘察报告不可缺少的附件。以下简要介绍几种常用的图表。

（一）水库区综合地质图

水库区综合地质图包括综合地层柱状图和典型地质剖面图。除一般地质内容外，还应包括坝轴线及水库回水水位线位置等。

（二）坝址工程地质图

坝址工程地质图应反映岩层界线、地质构造界线、物理地质现象、等水位线、剖面线位置、勘探坑和孔的位置、大坝轮廓线和设计正常高水位线等。图内有时还附上坝址区的断层和岩石物理力学性质一览表，以及节理裂隙统计图等。

（三）坝址地质纵横剖面图

在这种图上应反映各种岩层界线、岩石风化分带线、地质构造界线，勘探坑和孔的位置及深度，河水位、地下水位、水库正常高水位及坝顶线等。图上还应注明剖面方向、比例尺及工程地质条件的说明等。对可溶岩地区，还应反映岩溶的发育情况。

（四）表格

报告中的表格包括岩、土、水试验成果汇总表，地下水动态、岩土体变形和水库诱发地震监测成果汇总表等。

（五）其他

包括专门性水文地质图、工程区专门性问题地质图、天然建筑材料产地分布图、料场综合地质图、专门性问题地质剖面图或平切面图、钻孔柱状图，试坑、平硐、竖井展示图，岩矿鉴定报告，地震安全性评价报告，物探报告，专门性工程地质问题的研究报告等。

第四章　水利工程建筑材料检测基础知识

第一节　材料质量检测基础知识

建筑材料试验与建设工程施工质量检测，在建筑施工生产、科研及发展中具有举足轻重的地位。材料质量检测基础知识的普及和建设工程施工质量检测技术的提高，不仅是评定和控制材料质量、施工质量的手段和依据，也是推动科技进步，合理使用工程材料和工业废料，降低生产成本，增进企业效益、环境效益和社会效益的有效途径。

质量责任重于泰山。建筑材料质量的优劣直接影响建筑物的质量和安全。因此，建筑材料性能试验与质量检测是从源头抓好建设工程质量管理工作，确保建设工程质量和安全的重要保证。

为了加强建设工程质量，就要设立各级工程质量尤其是建筑材料质量的检测机构，培养从事工程材料性能和建设工程施工质量检验的专门人才，从事材料质量的检测与控制工作，为推进建筑业的发展、提高工程建设质量发挥积极作用，作出突出贡献。

一、检测工作内容

（一）取样

在进行材料检测之前，首先要选取具有代表性的材料作为试样。取样的原则是代表性和随机性，即在若干批次的材料中，按照相应规定对任意堆放材料抽取一定数量试样，并依据测试结果对其所代表的批次的质量进行判断。取样方法因材料的不同而不同，相关技术规范标准中都作出了明确的规定。

（二）仪器的选择

材料检测仪器的选择要充分考虑精度和量程的要求。通常，称量精度大致为试样质量的0.1%，有效量程以仪器最大量程的20%～80%为宜。例如，需要称取试件或称量试样的质量时，若试样称量的精度要求为0.1g，则应选用感量为0.1g的天平。测量试件的尺寸时，同样有精度要求：对边长大于50mm的试件，精度可取1mm；对边长小于50mm的试件，精度可取0.1mm。力学试验时，对试验机量程的选择，根据试件破坏荷载的大小，以使指针停在试验机度盘的20%～80%为宜。

（三）测试

检测前一般应将取得的试样进行处理、加工或成型，以制备满足检测要求的试样或试件。制备方法随检测项目而异，应严格按照各个试验所规定的方法进行。如混凝土抗压强度检测要制成标准立方体试件，水泥胶砂抗压、抗折强度检测要制成相应尺寸的试件。

（四）结果计算与评定

对各次检测结果进行数据处理，一般情况下，取n次平行检测结果的算术平均值作为检测结果。检测结果应满足精度和有效数字的要求。检测结果经计算处理后，应给予相应评定，评定是否满足标准要求，评定其等级。有时，根据需要还应对检测结果进行分析，并得出结论。

二、检测条件

由于材料自身的复杂性，总会有这样或那样的不同，材料检测的结果也不会是完全一样的。同一材料在检测条件发生变化的时候，质量特性也会有很大的不同，导致得出不同的检测结果。如温度、湿度、试件尺寸，荷载及试件制作的差别都会引起检测数据的变化，最终影响检测数据的准确性。

（一）温度

检测时的温度对材料的某些检测结果影响很大，特别是温度冷热极端的情况下更加明显。在常温下进行检测，对一般材料来说影响不大，但对温度敏感性强的材料，必须严格控制温度。一般情况下，材料的强度会随着检测时温度的升高而降低。

（二）湿度

检测时试件的湿度也明显影响检测数据，试件的湿度越大，测得的强度越低。在物理性能测试中，材料的干湿程度对检测结果的影响就更为明显。因此，在检测时，试件的湿度应控制在一定范围内。

（三）试件尺寸

由材料力学性质可知，当试件受压时，对于同一材料，小试件强度比大试件强度高。相同受压面积的试件，高度大的试件比高度小的试件检测强度小。因此，对于不同材料的试件，尺寸大小都有规定。如混凝土立方体抗压强度试件，标准尺寸是150mm × 150mm × 150mm，如果不采用标准立方体试件尺寸，计算的过程中要乘以相应的折算系数。

（四）受荷面平整度

试件受荷面的平整度也会对检测强度造成影响，如受荷面不平整，较为粗糙，会引起应力集中而使强度大为降低。在混凝土强度检测中，不平整度达到0.25mm时，强度可能降低30%。上凸比下凹引起的应力集中更加明显。所以，受压面必须平整，如成型面受压，必须用适当强度的材料找平。

（五）加载速度

施加于试件的加载速度对强度检测结果有较大影响，加载速度越慢，测得的强度越低，这是由于应变有足够的时间发展，应力还不大时变形已达到极限应变，试件即破坏。因此，对各种材料的力学性能检测都有加载速度的规定。

三、检测报告

材料检测的主要结果应在检测报告中反映，检测报告的格式可以不尽相同，但一般都由封面、扉页、报告主页、附件等组成。

工程的质量检测报告内容一般包括委托方名称和地址，报告日期，样品编号，工程名称，样品产地和名称、规格及代表数量，检测条件，检测依据，检测项目，检测结果和结论、审核与批准信息，有效性声明等一些辅助备注说明，等等。

检测报告反映的是质量检测经过数据整理、计算、编制的结果，而不是原始记录，更不是计算过程的罗列。经过整理计算后的数据可以用图表等形式表示，达到说明的目的，起到一目了然的效果。

四、检测记录

为了编写出符合要求的检测报告，在整个检测过程中必须认真做好有关现象及原始数据的记录，以便于分析、评定检测结果。

（一）检测记录的基本要求

（1）完整性。检测记录的完整性要求是：检测记录应信息齐全，以保证检测行为能够再现；检测表格内容应齐全；记录齐全，计算公式齐全，步骤齐全，应附加的曲线资料齐全；签字手续完备、齐全；工程检测记录档案齐全完整。

（2）严肃性。检测记录的严肃性要求是：按规定要求记录、修正检测数据，保证记录具有合法性和有效性；记录数据清晰、规整，保证其识别的唯一性；保证检测记录、数据处理及计算过程的规范性，保证其校核的简便、正确。

（3）实用性。检测记录的实用性要求是：记录应符合实际需要，记录表格应按参数技术特性设计，栏目先后顺序表现较强的逻辑关系；表格栏目内容应包含数据处理过程和结果；表格应按检测需要设计栏目，避免检测时多数栏目出现空白情况；记录用纸应符合归档和长期保存的要求。

（4）原始性。检测记录的原始性要求是：检测记录必须当场完成，不得追记，不得事后采取回忆方式补记；记录的修正必须当场完成，不得事后修改；记录必须使用规定的笔完成；记录表格必须事先准备统一规格的正式表格，不得采用临时设计的未经过批准的非正式表格。

（5）安全性。检测记录的安全性要求是：记录应有编码，以保证其完整性；记录应定点有序存放保管，不得丢失和损坏；记录应按保密要求妥善保管；记录内容不得随意扩散，不得占有利用；记录应及时整理，全部上交归档，不得私自留存。

（二）原始记录的基本要求

（1）所有的检测原始记录应按规定的格式填写，书写时应使用蓝（黑）钢笔或签字笔，要求字迹端正、清晰，不得漏记、补记、追记。记录数据占记录格的1/2以下，以便修正记录错误。

（2）修正记录错误应遵循“谁记录谁修正”的原则，由原始记录人员采用“杠改”方式更正，即先杠改发生的错误记录，表示该记录数据已经无效，然后在杠改记录格的右上方填写正确的数据，并加盖自己的名章或签名。其他人不得代替原始记录人修改。在任何情况下都不得采用涂抹、刮除或其他方式销毁原错误的记录，并应保证其清晰可见。

（3）使用法定计量单位，按标准规定的有效数字的位数记录，正确进行数据修约。

（4）原始记录在检测期间应由检测人妥善保管，不丢失，不损坏。

（5）原始记录应用书面方式归档保存。

（6）原始记录属于保密文件，无关人员不得随意借阅，借阅时须按规定程序批准。

（7）原始记录的保存期应根据要求确定。如根据我国目前的有关政策规定，水利工程的检测记录要求在工程运行期内不得销毁。

第二节　建筑材料技术标准

一、概述

建筑材料质量检测是利用一定的检测方法和仪器对建筑材料的一项或多项质量特性进行测量、检查、试验或度量，并将结果与相关的技术标准或规定要求相比较，从而确定每项特性的合格情况。材料检测工作内容可概括为“测、比、判”，“测”就是测量、检查、试验、度量，“比”就是将“测”的结果与规定要求进行比较，“判”就是根据“比”的结果作出合格与否的判断。建筑材料的检测工作与建筑物的安全、经济效益关系密切，不仅是判定和控制建筑材料质量、监控施工过程、保障工程质量的手段和依据，也是推动科技进步，合理使用建筑材料、降低生产成本、提高企业效益的有效途径。建筑材料检测贯穿于工程施工的整个过程，各项建筑材料的检测结果是工程施工及工程质量验收必需的技术依据。

建筑材料检测工作均以现行的技术标准及有关的规范、规程为依据。技术标准或规范主要是对产品在工程建设的质量、规格及其检测方法等方面所做的技术规定，也是在生产、建设、科学研究及商品流通工作中一种共同的技术依据。建筑材料技术标准的主要内容包括产品规格、分类、技术要求、检测方法、验收规则、包装、标志、运输储存等。

目前，建筑材料技术标准大致包括材料质量要求和检测两方面。有些标准的质量要求和检测二者合在一起，有些标准则分开订立。在现场配制的一些材料，其原材料应符合相应的材料标准要求，而其制成品的检测和使用方法，通常在施工验收规范和有关规程中得以体现。如钢筋混凝土材料，其原料水泥、细骨料（砂子）、粗骨料（石子）、钢筋等应符合各自相关标准要求，而钢筋混凝土构件的检测常包含于施工验收规范及有关规程中。

二、技术标准的分类

（一）按照标准化对象划分

按照标准化对象的不同，通常把标准分为技术标准、管理标准和工作标准三大类。

（1）技术标准是指对标准化领域中需要协调统一的技术事项所制定的标准。技术标准包括基础技术标准、产品标准、工艺标准、检测试验方法标准，以及安全、卫生、环保标准等。

（2）管理标准是指对标准化领域中需要协调统一的管理事项所制定的标准。管理标准包括管理基础标准、技术管理标准、经济管理标准、行政管理标准、生产经营管理标准等。

（3）工作标准是指对工作的责任、权利、范围、质量要求、程序、效果、检查方法、考核办法所制定的标准。工作标准一般包括部门工作标准和岗位（个人）工作标准。

（二）按照标准性质划分

按照标准性质的不同，把标准分为强制性标准和推荐性标准两类性质的标准。保障人体健康及人身、财产安全的标准和法律，行政法规规定强制执行的标准是强制性标准，其他标准是推荐性标准。

三、技术标准的分类原则

国家标准是指由国家标准化主管机构批准发布，对全国经济、技术发展有重大意义，且在全国范围内统一的标准。国家标准是在全国范围内统一的技术要求，由国务院标准化行政主管部门编制计划，协调项目分工，组织制定（含修订），统一审批、编号、发布。法律对国家标准的制定另有规定的，依照法律的规定执行。国家标准的年限一般为5年，过了年限后，国家标准就要被修订或重新制定。此外，随着社会的发展，国家需要制定新的标准来满足人们生产、生活的需要。因此，标准属于动态信息。

（一）坚持企业为主的原则，提高标准的适用性

以市场为主导、企业为主体，贴近经济，紧跟市场，服务企业，以满足市场需求为目标，使企业成为制定标准、实施标准的主力军。

（二）坚持国际化原则，提升我国的综合竞争力

遵循WTO（World Trade Organization）的规则，积极采用国际标准，加快与国际接轨的步伐。加大实质性参与国际标准化活动的力度，努力实现从“国际标准本地化”到“国家标准国际化”的转变，全面提升我国的综合竞争力。

（三）坚持重点保障原则，促进经济平衡较快发展

面向国民经济的主战场，重点加强社会急需的农业、食品、安全、卫生、环境保护、资源节约、高新技术、服务等领域的标准化工作，为国民经济和社会发展提供技术保障。

（四）坚持自主创新原则，提高我国的标准水平

加强标准化工作与科技创新活动的紧密结合，促进我国自主创新技术通过标准快速形成生产力，提高标准水平，增强产品竞争力。同时，进一步完善以标准为基础的技术制度，提高我国的自主创新能力。

四、技术标准的等级

建筑材料的技术标准根据发布单位与适用范围的不同，分为国家标准、行业标准（含协会标准）、地方标准及企业标准四级。各项标准分别由相应的标准化管理部门批准并颁布，国家质量监督检验检疫总局是我国国家标准化管理的最高机关。国家标准和行业标准都是全国通用标准，分为强制性标准和推荐性标准。地方标准是由地方主管部门制定和发布的地方性技术文件，根据本地区的现状、经济要素等适合本地区使用。如省、自治区、直辖市有关部门制定的工业产品的安全、卫生要求等地方标准在本行政区域内是强制性标准。企业生产的产品没有国家标准、行业标准、地方标准的，企业应制定相应的企业标准作为组织生产管理的依据。企业标准由企业组织制定，一般情况下，企业标准所制定的相关技术

要求应高于类似（或相关）产品的国家标准，并报请有关主管部门审查备案。鼓励企业制定各项技术指标均严于国家标准、行业标准、地方标准的企业标准在企业内使用。

五、技术标准编码代号

根据《中华人民共和国标准化法》和《中华人民共和国标准化法实施条例》的有关规定，为正确使用标准代号，维护法律的权威性和政令的严肃性，避免标准代号混乱造成不良的影响和后果，国家质量监督检验检疫总局特作如下规定：

（1）中华人民共和国国家标准代号：

GB——强制性国家标准；

GB/T——推荐性国家标准。

（2）中华人民共和国行业标准、地方标准、企业标准（节选）：

JC——中华人民共和国建筑材料行业标准；

JGJ——中华人民共和国住房和城乡建设部建筑工程行业标准；

JGJ/T——中华人民共和国住房和城乡建设部建筑工程行业推荐性标准；

SL——中华人民共和国水利行业标准；

DL——中华人民共和国电力行业标准；

DL/T——中华人民共和国电力行业推荐性标准；

SY——中华人民共和国石油行业标准；

YB——中华人民共和国冶金行业标准；

JT——中华人民共和国交通行业标准；

CECS——中国工程建设标准化协会标准；

DB——地方标准；

QB——企业标准。

标准的表示方法由标准名称、部门代号、标准编号和颁布年份组成。

第三节　检测数据的分析与处理

一、数据分析

（一）误差

在材料检测中，由于测量仪器设备、方法、人员或环境等因素，测量结果与被测量的量的真值之间总会有一定差距。误差就是指测量结果与真值之间的差异。

1.绝对误差和相对误差

绝对误差是测量结果X减去被测量的量的真值X_0所得的差，简称误差，即$\Delta=X-X_0$。绝对误差往往不能用来比较测试的准确程度，为此，需要用相对误差来表达差异。相对误差是绝对误差Δ除以被测量的量的真值X_0所得的商，即$S=\Delta/X_0\times100\%=(X-X_0)/X_0\times100\%$。

2.系统误差和随机误差

系统误差是指在重复性条件下（是指在测量程序、人员、仪器、环境等尽可能相同的条件下，在尽可能短的时间间隔内完成重复测量任务），对同一量进行无限多次测量所得结果的平均值与被测量的量的真值之差。系统误差决定测量结果的正确程度，其特征是误差的绝对值和符号保持恒定或遵循某一规律变化。

随机误差是指测量结果与在重复条件下对同一被测量进行无限多次测量所得结果的平均值之差。随机误差决定测量结果的精密程度，其特征是每次误差的取值和符号没有一定规律，且不能预计，多次测量的误差整体服从统计规律，当测量次数不断增加时，其误差的算术平均值趋于零。

（二）可疑数据的取舍

在一组条件完全相同的重复检测中，当发现某个过大或过小的可疑数据时，应按数理统计方法给予鉴别并决定取舍。

二、数据统计

（一）数据的均值

测试结果的真值是一个理想概念，一般情况下是不知道的。根据统计规律，当测试次数足够多时，测试结果的均值便接近真值。但在工程实践中，测试次数不可能太多，一般检测项目都规定了进行有限次平行测试，将各次测试数据的均值作为测试结果。

1.算术平均值

算术平均值是最常用的一种均值计算方法，用来了解一批数据的平均水平，度量这些数据中间位置。

2.均方根平均值

均方根平均值对数据大小跳动反映较为灵敏。

3.加权平均值

测试数据均值的大小不仅取决于各个测试数据的大小，而且取决于各测试数据出现的次数（频数），各测试数据出现的次数对其在平均数中的影响起着权衡轻重的作用。因此，可将各测试数据乘以其出现的次数，加总求和后再除以总的测试次数，得到的数值称为加权平均值。其中，各测试数据出现的次数称为权数或权重。

（二）中位数

将一组数据按大小顺序排列，位于中间的数据称为中位数，也叫中值。当数据的个数为奇数时，居中者即为该组数据的中位数；当数据的个数为偶数时，居中间的两个数据的平均值即是该组数据的中位数。例如一组混凝土抗压强度的测试值分别为25.20MPa、25.62MPa、25.71MPa、25.93MPa、25.43MPa、25.62MPa，则这组数据的中位数为25.62MPa。

（三）数据的分散程度

1.极差

极差表示数据离散的范围，可用来度量数据的离散性，也称为范围误差或全距，是指一组平行测试数据中最大值和最小值之差。如三块砂浆试件抗压强度分别为5.20MPa、5.63MPa、5.71MPa，则这组试件的极差或范围误差为5.71-5.20=0.51（MPa）。

2.算术平均误差

算术平均误差又叫平均偏差，是指各个测试数据与总体平均值的绝对误差的绝对值的平均值。

3.标准差（均方根差）

只知试件的平均水平是不够的，还要了解数据的波动情况及其带来的危险性，标准差（均方根差）是衡量波动性（离散性大小）的指标。

4.变异系数

标准差是表示测试数据绝对波动大小的指标，当测试较大的量值时，绝对误差一般较大，因此需要考虑用相对波动的大小来表示标准差，即变异系数。

5.正态分布和概率

如果想得到测试数据波动更加完整的规律，则需通过画出测试数据概率分布图的办法观察分析。在工程实践中，很多随机变量的概率分布都可以近似地用正态分布来描述。

三、数据修约

（一）有效数字及其运算规则

若某一近似数据的绝对误差不大于（小于等于）该近似值末位的半个单位，则以此近似数据左起第一个非零数字起到最后一位数字止的所有数字都是有效数字，有效数字的个数为该近似数据的有效位数。如0.0056、0.056、5.6、5.6×10^{-2}均为两位有效数字，0.0560、5.60×10^{-2}为三位有效数字，0.05600为四位有效位数。

常见的有效数字运算规则如下：

1.加、减运算

当几个有效数字做加、减运算时，在各数中以小数位数最少的数为准，其余各数均凑成比该数多一位小数位。若计算结果尚需参加下一步运算，则有效位数可多保留一位。

2.乘、除运算

当几个有效数字做乘、除运算时，在各数中以小数位数最少的数为准，其余各数均凑成比该数多一位小数位。若计算结果尚需参加下一步运算，则有效位数可多保留一位。

乘方开方运算规则同乘、除运算。

3.计算平均值

在计算几个有效数字的平均值时，如有4个以上的数字进行平均计算，则平均值的有效位数可以增加一位。

（二）数据修约规则

在运算或其他原因需要减少数字位数时，应按照数字修约进舍规则进行修约。

（1）当拟舍弃数字的最左一位数字小于5，则舍去，即保留数的末位数字不变。例如，将16.2438修约到个数位，得16；将16.2438修约到一位小数，得16.2。

（2）当拟舍弃数字的最左一位数字大于5，则进一，即保留数的末位数字加1。例如，将21.68修约到个数位，得22；将21.68修约到一位小数，得21.7。

（3）当拟舍弃数字的最左一位数字是5，5后有非0数字时，则进一，即保留数的末位数字加1。当5后无数字或皆为0时，则保留数的末位数字应凑成偶数（若所保留的末位数字为奇数，则保留数字的末位数字加1；若所保留的末位数字为偶数，则保留数字的末位数字不变）。例如，将11.5002修约到个数位，得12；将250.65000修约为4位有效数字，得250.6；将18.07500修约为4位有效数字，得18.08。

（4）负数修约时，先将它的绝对值按上述规定进行修约，然后在所得值前面加上负号。例如，将–0.0365修约到两位小数，得–0.04；将–0.0375修约到三位小数，得–0.038。

（5）拟修约数字应确定修约间隔或指定修约数位后一次修约获得结果，而不得多次按进舍规则连续修约。如将97.46修约到保留一位小数，正确的做法是97.46→97.5（一次修约），不正确的做法是97.46→97.5→98.0（两次修约）。

第五章　水电工程土建通用试验与检测

第一节　土工试验

一、土的渗透试验

（一）目的和适用范围

（1）为了评价工程土体的渗透性，需进行现场的渗透性测定。

（2）在施工中常采用试坑注水法，适用于测定非饱和土的渗透数。

（二）方法要点和基本原则

（1）在试验位置按预定深度开挖一面积不小于1.0m × 1.5m的试坑，在坑底再下挖一直径等于外环、深15 ~ 20cm的贮水坑，整平坑底。

（2）把大小钢环细心放入贮水坑中，使成同心圆，钢环入土深度至环上的起点刻度，两环上缘应在同一水平面上，压环时，需防止土的压实或变形。如扰动过大，需重新挖试坑另作。

（3）在两环底部均铺以2cm厚的砾石层，然后在内环及两环间隙内注入清水至满，安放支架至水平位置。将供水瓶注满清水后倒置于支架上，供水瓶的斜口玻璃管分别插入内环和内上环之间的水面以下。玻璃管的斜口应在同一高度上（即环口水平面），以保持水位不变。

（4）记录渗水开始时间及供水瓶的水位和水温。经一定时间后，测记在此时间内由供水瓶渗入土中的水量，直至流量稳定为止。

（5）从供水瓶流出的水量达稳定后，在1～2h内测记流出水量不少于5～6次。每次测记的流量与平均流量之差，不应超过10%。

（6）试验结束后，拆除仪器，吸干贮水坑中的水。

（7）在离试坑中心3～4m以上，钻几个3～4m深的钻孔，隔0.2m取土样一个，平行测定其含水率。根据含水率的变化，确定渗透水的入渗深度。

二、土的现场试验

（一）渗透变形试验

1.试验目的和用途

本试验的目的是测定稍具有胶结或充填较好，中密且能切成试样的无黏聚性原状土或土石坝心墙压实土层含黏粗粒土。在渗流作用下，测定土层的渗透系数、临界坡降和破坏比降，并判断其土体渗流破坏类型。

2.适用范围

（1）半（弱）胶结无黏性粗粒土；

（2）土石坝压实心墙土体或均质坝压实体；

（3）坝基覆盖层中具中密且粗细粒相互充填良好的土体。

3.制样方法及要点

（1）应按已有勘探资料和防渗处理初步方案，选取有代表性土层制备试样。

（2）试样尺寸应按地层情况、颗粒级配及层中最大粒径确定，宜参照扰动试样的径比规定，同时尽量避开大块石或大卵石、漂石。

（3）试样宜结合水流方向，分水平试样和垂直试样。

（4）在取样点，首先削一尺寸大于所要求试样尺寸的土柱，再用削土工具小心削至要求。

（二）原位大型直剪试验

1.试验目的和适用范围

（1）原位大型直剪试验用于测定土体本身、土体软弱面和地基土与混凝土接触面的抗剪强度。包括在法向应力作用下沿固定剪切面的抗剪强度试验和混凝土板与地基土的抗滑试验。

（2）试验可采用应力控制和应变控制方式进行。

2.基本原则和方法要点

（1）本试验可在试洞、试坑或探槽中进行。同一组试验体的地质条件应基本相同，其受力状态应与土体在工程中的受力状态相近。

（2）根据剪切面状态，选择试验布置方案。当剪切面水平或近于水平时，可采用平推法；当剪切面较陡时，可采用楔形体法。

（3）开挖试坑时，应避免对试体的扰动，尽量保持土体结构及含水率不产生大的变化。在地下水位以下进行试验时，应避免水压力及渗流对试体的影响。

（4）每组试验试体不少于3个。试体面积不宜小于0.1m^2，高度不宜小于10cm或为最大土粒直径的4～8倍。

（5）将修整好的试体，在顶面放上盖板，周边套上剪切盒，剪切盒与试样间的间隙应用膨胀快凝水泥砂浆填充。剪切盒底边应在剪切面以上，留一适当的间隙。

（6）根据设计荷载来确定最大的垂直压力，并以此按等量分成3至4个垂直压力进行试验。垂直压力施加方法如下：

①若采用重物加荷时，可在土试体上搁置加荷平台，均匀地逐渐加上重物。应避免加荷时发生偏心现象。

②若采用千斤顶加荷时，支架好反力装置，按顺序装上千斤顶和滚珠轴承，应使作用力位于试体的中心。

（7）施加垂直压力后，土体在此压力下进行固结。当垂直变形达到相对稳定（0.01mm/h）后，架设测试水平位移的百分表即可开始剪切。

（8）剪切时，施加水平力的速率应适当选择。一般每隔1min施加水平力1次，控制试验在20min内剪完。施加水平力的方法如下：

①若采用应力控制时用滑轮组施加，可于施加水平力的加荷平台逐级加荷，并用拉力计计量。一般第一级荷载约为总垂直荷载的1/10，以后逐级减小，使其剪切时的最后一级荷载约为垂直荷载的1/20。

②若采用应变控制时用千斤顶加荷，根据土试体面积和千斤顶活塞面积的大小，事先算出千斤顶的出力，然后控制千斤顶上压力表的读数，保证每级剪切力

的大小在规定的数值上。

（9）在施加每一级水平力时，均应测记剪切力和土试块的水平位移量及垂直位移量。同时观察周围土的变形现象，当剪切变形急剧增长或剪切变形量达试体尺寸的1/10时，即认为土体已经破坏，可停止试验。

（10）按本项（6）~（9）的规定，测定不同垂直压力下各试体抗剪强度。

（11）当需要时可沿剪切面继续进行摩擦试验。

（12）混凝土板与地基土的抗滑试验。

①根据所选择的试验方案（应力控制和应变控制）等情况，选择适当的地点，整平足够的试验场地。

②确定试块尺寸：按原型建筑物所设计的混凝土标号，在现场浇注（或预制）试验用的混凝土块。在混凝土试块浇注后，地基若是黏性土时，应使土体浸水饱和。为便于地基充分浸水，在浇注混凝土时最好预留竖向小孔若干个。试块一般养护约7d后方可使用。

③试验开始前，应检查设备的灵活性和支撑设备的可靠性，以保证试验的正常运行。

（三）载荷试验

1.试验目的及适用范围

（1）本试验是浅层平板静力载荷试验。通过对一定面积的承压板上向地基土逐级施加荷载，观测地基土的压力与变形特性的原位试验。

（2）本试验成果一般用于评价地基土的容许承载力，也可用于计算均匀地基土的变形模量。

（3）本试验适用于各类地基土。试验土层应为同一层，其厚度不小于1.5倍承压板直径（或宽度）。

2.载荷试验的基本原则和方法要点

（1）检测内容。天然地基或填筑土层的承载力及变形量；检测数量宜不少于3点，依工程规模和等级而增、减点数。

（2）载荷试验要点。用于确定地基土的承载力。

①基坑宽度不应小于压板宽度或直径的3倍。

②加荷等级不应少于8级；最大荷载量不应少于荷载设计值的2倍。

③每级加载后，按间隔10、10、10、15、15min，以后为每隔半小时读一次沉降。当连续两小时内，每小时的沉降量小于0.1mm时，则认为已基本稳定，可加下一级荷载。

（3）当出现下列情况之一时，即可终止加载：

①承压板周围的土明显侧向挤出、隆起或裂纹。

②沉降量急剧增大，荷载–沉降曲线出现陡降段。

③在某一荷载下，24h内沉降速率不能达到稳定标准。

④总承降量超过承压板直径（或宽度）的1/12。

第二节　岩石试验

岩石试验是通过一系列测试手段，获得岩石的各种物理性指标和力学性能参数，从而为工程设计和工程施工提供所需的基础参数。岩石试验的前提是试验设备、仪器完好有效。岩石试验质量控制的重点在于：试验位置的选取（代表性）、试点（件）加工的质量、仪器设备安装以及试验操作过程的质量控制等。因此，质量监督的重点也应在这几个环节上。

一、室内岩石物理力学性质试验

（一）密度试验

岩石密度，即单位体积的岩石质量，是试件质量与试件体积之比。根据含水情况，岩石密度可分为烘干密度、饱和密度和天然密度。一般未作说明时，皆指烘干密度。

岩石密度可采用量积法、水中称量法或蜡封法进行测定。

量积法试件可用圆柱体、方柱体或立方体；蜡封法试件宜为40～60mm的浑圆状岩块。其他要求应符合有关规定。测干密度时，每组试件不得少于3个；测湿密度时，试件不宜少于5个。

试验前应对试件进行地质描述，主要包括岩石名称、结构、矿物成分、胶结物性质、节理裂隙的发育程度及分布等。

1.试验要点

（1）量积法：

①量测试件两端和中间三个断面上相互垂直的两个直径或边长，取平均值计算截面积。

②量测端面周边对称四点和中心点的五个高度，计算高度平均值。

③将试件置于烘箱中，在105℃～110℃的恒温下烘24h，然后放入干燥器内冷却至室温，称试件质量。

（2）蜡封法：

①测湿密度时，应取有代表性的岩石制备试件并称量；测干密度时，试件应在105℃～110℃恒温下烘24h，然后放入干燥器内冷却至室温，称干试件质量。

②将试件系上细线，置于温度60℃左右的熔蜡中约1～2s，使试件表面均匀涂上一层蜡膜，其厚度1mm左右。当试件上蜡膜有气泡时，应用热针刺穿并用蜡液涂平，待冷却后称蜡封试件质量。

③将蜡封试件置于水中称量。

④取出试件，擦干表面水分后再次称量。当浸水后的蜡封试件质量增加时，应重做试验。

⑤湿密度试件在剥除蜡膜后，按含水率试验的试验步骤，测定岩石含水率。

2.试验成果整理

（1）量积法按下式计算岩石密度：

$$\rho_d = \frac{m_s}{AH} \tag{5-1}$$

式中：ρ_d——岩石干密度，g/cm^3；

m_s——干试件质量，g；

A——试件截面积，cm^2；

H——试件高度，cm。

（2）蜡封法按下列公式计算岩石的干、湿密度：

$$\rho_d = \frac{m_s}{\dfrac{m_1 - m_2}{\rho_w} - \dfrac{m_1 - m_s}{\rho_p}} \tag{5-2}$$

$$\rho = \frac{m}{\dfrac{m_1 - m_2}{\rho_w} - \dfrac{m_1 - m_s}{\rho_p}} \tag{5-3}$$

$$\rho_d = \frac{\rho}{1 + 0.01\omega} \tag{5-4}$$

式中：ρ_d——岩石湿密度，g/cm^3；

m_s——湿试件质量，g；

m——湿试件质量，g；

m_1——蜡封试件质量，g；

m_2——蜡封试件在水中的称量，g；

ρ_w——水的密度，g/cm^3；

ρ_p——石蜡的密度，g/cm^3；

ω——岩石含水率，%。

（二）比重试验

岩石比重是试样干质量与同体积纯水质量的比值。采用比重瓶法进行测定，适用于各类岩石。

试件粉碎前应进行地质描述。

1.试件制备质量点

（1）将岩石用粉碎机粉碎成岩粉，使之全部通过0.25mm筛孔，用磁铁吸去铁屑。

（2）对含有磁性矿物的岩石，应采用瓷研钵或玛瑙研钵粉碎岩石，使其全部通过0.25mm筛孔。

2.主要试验步骤及要求

（1）将制备好的岩粉，置于105℃～110℃的恒温下烘干12h后，放入干燥器内冷却至室温。

（2）用四分法取两份岩粉，每份岩粉质量为15g。

（3）将经称量的岩粉装入烘干的比重瓶内，注入试液（纯水或煤油）至比重瓶容积的一半处。对含水溶性矿物的岩石，应使用煤油作试液。

（4）将经过排除气体的试液注入比重瓶至近满，然后置于恒温水槽内，使瓶内温度保持稳定并使上部悬液澄清。

（5）塞好瓶塞，使多余试液自瓶塞毛细孔中溢出，将瓶外擦干，称瓶、试液和岩粉的总质量，并测定瓶内试液的温度。

（6）洗净比重瓶，注入经排除气体并与试验同温度的试液至比重瓶内，按本条（4）（5）程序称瓶和试液的质量。

（三）含水率试验

岩石含水率是指试样在105℃～110℃下烘至恒量时失去的水分质量与达到恒量时试样干质量的比值，以百分数表示。岩石含水率试验应采用烘干法，并适用于不含结晶水矿物的岩石。

含水率试验质量控制重点在试样采取、运输、储存、试验操作等过程中。

试样应在选定地点现场采取，不得用爆破或湿钻取样。在取样、运输、储存和试件制备过程中，应保持天然含水率，含水率的变化不超过1%。

试验前应对试件进行地质描述，描述要求参照有关规定。

1.试验要点

（1）称制备好的试件质量。

（2）将试件置于烘箱内，在105℃～110℃的恒温下烘干试件。

（3）将试件从烘箱中取出，放入干燥器内冷却至室温，称试件质量。

（4）重复本条（2）（3）程序，直到将试件烘干至恒量为止，即相邻24h两次称量之差不超过前一次称量的0.1%。

2.计算公式

按下式计算岩石含水率：

$$\omega = \frac{m_0 - m_s}{m_s} \tag{5–5}$$

式中：ω——岩石含水率，%；

m_0——试件烘干前的质量，g；

m_s——试件烘干后的质量，g。

二、岩体变形试验

岩体在遭受外力作用时发生变形是岩体的重要力学性质，测试、了解岩体变形特性，据此用以计算、校核工程岩体变形稳定，对各种工程建设都具有十分重要的意义。目前，工程界对岩体变形性质的测试手段很多，不同国家、不同行业所采用的测试方法也不尽相同。在我国水利水电建设中，常采用的岩体变形试验方法有承压板法、狭缝法、单（双）轴压缩法、径向液压枕法和水压法等。其中，又以承压板法使用最为普遍。

（一）承压板法试验

（1）承压板法是通过刚性或柔性承压板施力于半无限空间岩体表面，测量岩体变形，并按均匀、连续、各向同性的半无限弹性体表面受局部荷载的公式计算岩体变形特性指标的方法。

（2）承压板的形状通常有圆形、环形和矩形等。刚性承压板以采用圆形者居多；柔性承压板以环形和矩形较多。承压板的尺寸大小，国内、外也极不统一。在国内，面积小的仅几百平方厘米，大的达数千平方厘米。目前，圆形刚性承压板面积2000cm^2、2500cm^{2}的用得较多。

（3）岩体变形试验加压方式有逐级一次循环法、逐级多次循环法、大循环法及由这些方法演变的局部有些不同的其他加压方式。在国内，加压方式也不太统一，但用得最多的是逐级一次循环法。

（4）试点加工和边界条件控制是保证试验成果真实可靠的重要环节，试点加工和边界条件控制应满足的重点要求：

①试点表面范围内受扰动的岩体应清除干净并修凿平整，岩面的起伏差不宜大于承压板直径的1%。试点表面应垂直预定（设计）的受力方向。

②承压板外试验影响范围内的岩体表面应大致平整，无松动岩块和石渣。

③承压板的边缘至试验洞侧壁或底板的距离应大于承压板直径的1.5倍，承压板的边缘至洞口或掌子面的距离应大于承压板直径的2.0倍，两试点承压板边

缘之间的距离应大于承压板直径的3.0倍。试点表面以下3.0倍承压板直径深度范围内岩体的岩性宜相同。

（5）在试点加工完成后，应对试点进行地质描述。主要包括岩性、岩体结构面性状以及岩体风化状态、地下水情况等。描述完成，将承压板粘贴于试点表面，待达到养护龄期后，可安装试验。

（6）加压、传力系统应具有足够的刚度和强度。试验安装时，所有部件的中心应保持在同一轴线上并与加压方向一致；量测系统的支架支点应设在试点影响范围以外并防止有任何形式的变形、移动。

（7）正确合理的试验操作是保证试验成果客观真实的直接保障，试验要点如下：

①试验最大压力不宜小于预定（设计）压力的1.2倍。压力宜按最大压力等分5级施加。

②加压前应对测表进行初始稳定读数观测，待各测表读数稳定后方可开始加压试验。

③加压方式宜采用逐级一次循环法或逐级多次循环法。采用逐级一次循环法加压时，每一循环压力应退至零。

④每级压力加压后立即读数，以后每隔10min读数一次，当刚性承压板上所有测表或柔性承压板上中心岩面上的测表相邻两次读数差与同级压力下第一次变形读数和前一级压力下最后一次变形读数差之比小于5%时，可认为变形稳定并退压。

⑤在加、退压过程中，均应测读所含分级压力下测表读数一次。

（二）钻孔变形试验

（1）钻孔岩体变形试验是运用钻孔压力计（或膨胀计）测试岩体深部变形性质的一种试验方法。基本原理是：在岩体钻孔中的一有限长度内，由钻孔压力计（或膨胀计）向孔壁施加一均匀径向压力，同时测得孔壁的径向变形，按弹性力学平面应变问题厚壁圆筒公式求得岩体的弹性（变形）模量。本试验适用于软岩和中等坚硬岩体。

（2）为了保证试验成果的有效性，试验钻孔及测试段的一些主要要求为：

①试验孔应铅直，孔壁应平直光滑；

②受压范围内，岩性应均一、完整，钻孔直径4倍范围内的岩性应相同；

③两试点加压段边缘之间的距离不应小于1倍加压段的长度。

（3）试验前应对钻孔、试段进行地质描述及试验准备。地质描述主要包括钻孔钻进情况、岩性、结构面性状、地下水情况、钻孔柱状图等；试验前应向钻孔注水、扫孔，并进行钻孔膨胀计标定，待探头放入钻孔后施加初始压力等准备工作。

（4）试验操作是获取试验成果的直接手段，试验及稳定标准要点：

①试验最大压力一般为预定（设计）压力的1.2～1.5倍，压力可按最大压力等分7～10级施加；加压方式宜采用逐级一次循环法或大循环法。

②当采用逐级一次循环法时，加压后立即读数，以后每隔3～5min读数1次。当相邻两次读数差与同级压力下第一次变形读数和前一级最后一次变形读数差之比小于5%时，可认为变形稳定并退压。

③当采用大循环法时，相邻两循环的读数差与第一次循环的变形稳定读数之比小于5%时，可认为变形稳定并退压。但大循环次数不应少于3次。

第三节　混凝土试验

一、混凝土的定义与基本性能

（一）混凝土的定义

混凝土泛指由无机胶结材料（水泥、石灰、石膏、硫黄、菱苦土、水玻璃）或有机胶结材料（沥青、树脂等）、水、集料（粗、细骨料和轻骨料等）和外加剂、掺合料，按一定比例拌和并在一定条件下凝结、硬化而成的复合固体材料的总称。

一般所称的混凝土是指水泥混凝土。由胶结材料水泥和水、砂、石、外加剂等按一定比例配制，经搅拌、成型、养护、凝结、硬化而成的复合固体建筑材料，称为普通混凝土，简称混凝土。

（二）混凝土的主要性能

混凝土的主要性能一般包括：

（1）混凝土拌和物的性能，如密度、和易性、含气量、温度凝结时间、均匀系数、捣实因数等。

（2）混凝土的主要物理性能，如密度、密实度、抗渗性能、热工性能等。

（3）混凝土的力学性能，如抗压强度、轴心抗压强度、抗拉强度、抗折强度、抗剪强度、抗弯强度、黏结强度、疲劳强度等。

（4）混凝土的变形性能和耐久性能，如弹性变形、收缩、徐变、碳化、抗冻性能等。

二、混凝土配合比设计与试验

（一）目的及适用范围

在满足设计要求的强度、耐久性和施工要求的和易性条件下，设计混凝土配合比，通过试拌和必要的调整，经济合理化地选出混凝土单位体积中各种组成材料的用量。

本方法主要适用于密度为2.20～2.60kg/L的普通混凝土。

（二）基本原则

（1）最小单位用水量：水灰比是决定混凝土强度和耐久性的主要因素，在满足和易性的条件下，力求单位用水量最小。

（2）石子最大粒径和最多用量：根据结构物的断面和钢筋的稠密程度以及施工设备等情况，在满足和易性的条件下，应选择尽可能大的石子最大粒径和最多用量。

（3）最佳骨料级配：应选择空隙较小的级配。同时也要考虑料场的天然级配，尽量减少弃料。

（4）经济合理地选择水泥品种和标号，优先考虑采用优质、经济的粉煤灰掺合料和外加剂等。

（三）基本资料

1.设计对混凝土的要求

（1）混凝土的设计标号；

（2）强度保证率；

（3）抗冻、抗渗等级等。

2.施工对混凝土的要求和施工控制水平

（1）施工部位允许采用的石子最大粒径；

（2）混凝土坍落度；

（3）机口混凝土强度的标准差或离差系数。

3.原材料特性

（1）水泥品种、标号和密度；

（2）石子种类、级配和紧密密度；

（3）砂子种类、级配和细度模数；

（4）砂、石饱和面干表观密度、吸水率和含水量；

（5）掺合料、外加剂的种类及有关数据。

（四）配合比设计步骤

在原材料一定的条件下，配合比设计的四个主要步骤是：

步骤一，根据设计要求的强度和耐久性选定水灰比；

步骤二，根据施工要求的坍落度和石子最大粒径等选定砂率和用水量，用水量除以选定的水灰比计算出水泥用量；

步骤三，根据“绝对体积法”计算砂石用量；

步骤四，通过试验和必要的调整，确定1m^{3}混凝土各项材料用量和配合比。

三、混凝土拌和物性能试验

（一）目的要求及适用范围

为了控制混凝土工程质量，检验混凝土拌和物的各种性能及其质量和流变特性，要求统一遵循混凝土拌和物性能试验方法，从而对所使用混凝土拌和物的基本性能进行检验。

（二）混凝土拌和物的和易性及试验

表示混凝土拌和物的施工操作难易程度和抵抗离析作用的性质称为和易性。和易性是由流动性、黏聚性、保水性等性能组成的一个总的概念。其具体含义如下：

流动性是指混凝土拌和物在本身自重或施工机械振捣作用下，能产生流动并且均匀密实地填满模板中各个角落的性能。流动性好，则操作方便，易于振捣、成型。

黏聚性是指混凝土拌和物在施工过程中互相之间具有一定的黏聚力，不分层，能保持整体的均匀性能。

混凝土拌和物是由密度和粒径不同的固体颗粒和水分组成的。在外力作用下，各组成材料的沉降各有不同，如果混凝土拌和物中各材料配比不当，黏聚性较小，则在施工中易发生分层（即混凝土拌和物各组分出现层状分离现象，又称析水，从水泥浆中泌出部分拌和水的现象）的情况，致使混凝土硬化后产生“蜂窝”“麻面”等缺陷，影响混凝土的强度和耐久性。

保水性是指混凝土拌和物保持水分不易析出的能力。混凝土拌和物中的水，一部分是保证水泥水化所需水量（占水泥用量的20%～25%），另一部分是为使混凝土拌和物具有足够流动性，便于浇捣所需的水量。前者与水泥水化物形成晶体和凝胶（结晶水和凝胶水），将永远存在于混凝土中。后者在混凝土运输、浇捣中，在凝结硬化前很容易聚集到混凝土表面，引起表面疏松，或积聚在骨料或钢筋的下表面，形成孔隙，削弱了骨料或钢筋与水泥石的黏结力，这种现象称为泌水性。泌水是材料离析的一种表现形式，即保水性差。

上述这些性质并不是在所有情况下相一致的。如增加用水量可以提高流动性，但并不一定能改善黏聚性和保水性。在一般情况下，用水量多总是会降低混凝土的强度和质量。所以，和易性无法用一种指标判定，而要用几种指标判定，通常采用测定混凝土拌和物的流动性，辅以直观经验评定黏聚性和保水性，来确定和易性。

1.混凝土拌和物坍落度测定

本测定用以判断混凝土拌和物的流动性，主要适用于坍落度值不小于10～220mm的塑性和流动性混凝土拌和物的稠度测定，骨料最大粒径不应大于40mm。

（1）主要试验设备：一薄钢板制成的头圆锥筒与端部为弹头形的金属捣棒。

（2）试验简介：把按要求取得的混凝土试样小铲分三层均匀地装入筒内，每层用捣棒沿螺旋方向由外向中心插捣25次。然后提起坍落度筒后测量筒高与坍落后混凝土试体最高点之间的高度差，即为该混凝土拌和物的坍落度值。

观察坍落后的混凝土拌和物试体的黏聚性与保水性：黏聚性的检查方法是用捣棒在已坍落的混凝土拌和物截锥体侧面轻轻敲打，此时如果截锥体逐渐下沉（或保持原状），则表示黏聚性良好；如果倒塌、部分崩裂或出现离析现象，则表示黏聚性不好。保水性以混凝土拌和物中稀浆析出的程度来评定，坍落度筒提起后如有较多稀浆从底部析出，锥体部分的混凝土拌和也因失浆而骨料外露，则表明其保水性能不好；如果坍落度筒提起后无稀浆或仅有少量稀浆自底部析出，则表示其保水性能良好。

（3）混凝土拌和物坍落度以mm表示，精确至5mm。

2.维勃稠度测定

本方法适用于骨料最大粒径不大于40mm，维勃稠度在5～30s之间的混凝土拌和物稠度测定。

（1）主要试验设备：维勃稠度与振动台。

（2）试验简介：按要求取得的混凝土试样用小铲分三层经喂料斗均匀地装入筒内，装制及插捣方法应符合要求（与坍落度测定装料方法相同），把透明圆盘转到混凝土圆台体顶面。在开启振动台的同时用秒表计时，当振动到透明圆盘的底部被水泥浆布满的瞬间停表计时，并关闭振动台。

（3）试验结果：由秒表读出的时间秒（s）即为该混凝土拌和物的维勃稠度值。

（三）混凝土拌和物泌水性试验

混凝土拌和物泌水性试验是为了检查混凝土拌和物在固体组分沉降过程中水分离析的趋势，也适用于评定外加剂的品质和混凝土配合比的适用性。

1.主要试验设备

主要试验设备为：振动台与带盖的金属圆筒。

2.试验简介

将混凝土拌和物分别装入两只筒中（一次装满），并将筒固定在振动台上振实并抹面，当混凝土坍落度为30～50mm时，振实时间以45～60s为宜；当混凝土坍落度为10～20mm时，振实时间不宜小于60s。均应振至混凝土表面呈现乳状水泥浆时为止。一般不得超过1.5min。自抹面完毕时起，开始计算泌水时间。在开始1h内，每隔20min吸水一次；1h后，每隔30min吸水一次。用吸液管吸取混凝土拌和物表面泌出的水，注入带盖量筒内，加盖，并记录泌出的水分体积，精确至1mL。试验进行到混凝土表面不再泌水时为止。

（四）混凝土拌和物凝结时间测定

1.测定目的

测定不同水泥品种、不同外加剂、不同混凝土配合比以及不同气温环境下混凝土拌和物的凝结时间，以控制现场施工流程。

2.基本原理

用不同截面积的金属测针，在一定时间内竖直插入从混凝土拌和物筛出的砂浆中，以达到一定深度时所受阻力值的大小作为衡量凝结时间的标准。

3.主要试验设备

主要试验设备为：贯入阻力仪及截面积分别为1.0、0.5、0.2cm^{2}的测针。小于150mm的其他不吸水的刚性容器。

4.试验简介

砂浆试样制备与贯入阻力测试。

5.试验结果计算

（1）贯入阻力值是测针在贯入深度为2.5cm时所受的贯阻力除以针头面积，用MPa表示。每一时间间隔，在试件上测三点。以三个测点的算术平均值作为该时刻的贯入阻力值。

（2）以贯入阻力为纵坐标，时间为横坐标，绘制贯入阻力时间的曲线图。

（3）从曲线图求得初凝及终凝时间。以贯入阻力达3.5MPa为混凝土的初凝时间，达28MPa为混凝土的终凝时间。

（五）混凝土拌和物堆积密度测定

1.测定目的

测定混凝土拌和物堆积密度，用以计算每立方米混凝土的用量和含气量。

2.主要试验设备

主要试验设备为：容量筒与振动台。

3.试验简介

先对容量筒注水后确定其体积V（L），称干的容量筒和玻璃板的总质量G_1，然后将混凝土拌和物装满并稍高出筒顶，然后用振动台或振捣棒振实，直至混凝土拌和物表面出现水泥浆为止。再称容量筒、混凝土及玻璃板总质量G。

4.试验结果计算

混凝土拌和物堆积密度按下式计算（计算至10kg/m³）：

$$\rho_d = \frac{G - G_1}{V} \tag{5-6}$$

式中：ρ_d——混凝土拌和物堆积密度，kg/m³；

G——容量筒、混凝土和玻璃板总质量，kg；

G_1——容量筒和玻璃板总质量，kg；

V——容量桶容积，L。

以两次试验结果的算术平均值作为测定值。

第四节　混凝土质量检验、控制与非破损检测

一、新拌混凝土质量检验与控制

（一）新拌混凝土的质量指标

1.稠度

稠度是新拌混凝土最重要的质量指标，是根据混凝土拌和物的输送方式、施工（成型）方法和施工振捣机械的要求而确定的。稠度值及其偏差对后续工序的效率与质量有重大影响。

拌和物稠度的试验和表示方法很多。我国规定混凝土拌和物的稠度以坍落度

或维勃稠度表示，坍落度适用于塑性和流动性混凝土拌和物，维勃稠度适用于干硬性混凝土拌和物。

2.含气量

掺引气型外加剂的混凝土拌和物应检验其含气量。含气量应满足设计和施工工艺要求。根据混凝土采用粗骨料的最大粒径，其含气量的限值不宜超过规定。按国家标准《普通混凝土拌和物性能试验方法》进行检测，检测结果与要求值的允许偏差范围为±1.5%。

3.水灰比、水泥含量及均匀性

根据需要应检验混凝土拌和物的水灰比、水泥含量及均匀性。最大水灰比和最小水泥用量应符合国家标准《混凝土结构工程施工质量验收规范》（GB 50204—2015）的规定。按《普通混凝土拌和物性能试验方法》进行检测，实测结果应符合设计要求。

混凝土拌和物应拌和均匀，颜色一致，不得有离析泌水现象。均匀性按国家标准《建筑施工机械与设备　混凝土搅拌机》（GB/T 9142—2021）的规定进行检测。在搅拌机卸料过程中，从卸料流1/4到3/4之间部位取样，混凝土中砂浆密度两次测值的相对误差不应大于0.8%；单位体积混凝土中粗骨料含量两次测值相对误差不应大于5%。

（二）混凝土质量的初步控制

混凝土质量的初步控制包括组成材料的质量检验与控制和混凝土配合比的合理确定。组成材料包括水泥、粗细骨料、水、外加剂和掺合料。

1.组成材料的质量控制

水泥是混凝土最重要的组成材料，对混凝土质量和工艺性能有重要影响，应根据工程特点、所处环境以及设计、施工要求，选用适当品种和标号的水泥。水泥质量应符合国家现行标准的有关规定。混凝土生产企业应对采购的水泥检验安定性和强度，如有需要，则按现行国家标准检验其他性能。重大结构工程应优先选用大中型水泥厂的旋窑水泥；不宜选用安定性不好、标号不稳定的水泥。不同品种、标号及牌号的水泥应按批分别贮存，不得受潮，不得混合使用不同品种水泥。超过规定贮存期或质量明显下降的水泥，使用前应进行复验，按复验的结果使用。

骨料包括粗骨料（卵石、碎石等）和细骨料（砂等），采购的骨料应符合现行国家标准的规定。粗骨料的最大粒径不得大于混凝土结构截面最小尺寸的1/4，并不得大于钢筋最小净距的3/4。对于混凝土实心板不宜大于板厚的1/2，并不得超过50mm。泵送混凝土用的碎石不应大于输送管内径的1/3，卵石不应大于输送管内径的2/5，并符合泵送技术条件要求。泵送混凝土的细骨料，通过0.315mm筛孔量不应少于15%，通过0.16mm筛孔量不应少于12%。

采购的骨料应有质量证明书，并分批检验其颗粒级配、含泥量及粗骨料的针片状颗粒含量。按品种、规格分别贮存、堆放，不得混入有害杂质。对含有活性二氧化硅或其他活性成分及氯盐的骨料，应进行专门检验，确认对混凝土无有害影响，并符合设计要求时，方可使用。骨料使用前应测定含水量，并不得受冻结块。

使用粉煤灰、火山灰、粒化高炉矿渣、沸石粉、硅粉等为掺合料时，这些原材料应符合相应的产品标准，经过试验确认符合混凝土质量的使用要求时方可使用。运输贮存时不得与水泥等混淆。

拌和用水应符合国标《混凝土用水标准》（JGJ 63—2006）的规定，不得使用海水拌制钢筋混凝土和预应力混凝土。不宜用海水拌制有饰面要求的素混凝土。

混凝土外加剂品种很多。根据需要选用外加剂时，外加剂的质量应符合现行国家标准《混凝土外加剂》（GB 8076—2008）及防冻剂、泵送剂、膨胀剂、防水剂等行业标准的规定。还应根据混凝土的性能要求、施工工艺、气候条件、水泥品种等进行试验，并检验氯化物、硫酸盐、碱等有害物的含量，确认符合使用要求并对混凝土质量无有害影响时，方可选用。缓凝剂、减水剂掺量太多，有时会使混凝土长期不硬化。对外加剂品种和掺量，不能随意变动。

2.混凝土配合比的确定与控制

混凝土配合比应按国家标准《普通混凝土配合比设计规程》（JGJ 55—2011）和《混凝土强度检验评定标准》（GB/T 50107-2010）的规定，通过设计计算和试配确定。混凝土配合比对混凝土性能及施工工艺、生产工艺有重大影响。经确定和各方认可后不得随意变动，只可根据生产过程中的原材料变化及混凝土质量动态信息进行微调。当发生重大变动时，应重新计算、适配，并按要求征得相关方批准。

（三）混凝土质量的生产控制

混凝土施工（生产）单位是对混凝土质量负责的法定单位，应根据设计要求，提出混凝土质量控制目标、建立混凝土质量保证体系、制订混凝土质量生产管理制度。对在各工序中取得的质量数据定期进行统计分析，并采用各种质量统计管理图表，根据质量动态采取有利于提高质量的措施与对策。积累的资料要分类整理归档。

计量设备和仪表应准确可靠。每盘混凝土各组成材料的重量计量允许误差，水泥、掺合料、水、外加剂分别为±2%，粗、细骨料分别为±3%，水和液体外加剂可按体积计算。每工作班正式称量之前，计量设备应进行零点校核。计量器具应经法定计量检定部门定期检定。对骨料的含水率，每工作班至少测定一次，当雨天或含水率明显变化时，应增加检测次数。依据测定结果调整用水量和骨料用量。

搅拌是保证拌和物质量的重要工序。最短搅拌时间和拌和物质量应符合要求，对混凝土的搅拌时间，每工作班至少抽查两次。对混凝土拌和物的稠度应在搅拌地点和浇筑地点分别取样检测（搅拌后在15min内浇注的，可仅在搅拌地点检测），每工作班检测不应少于一次。评定时应以浇筑地点的测值为准。坍落度时效损失过大时，应采取外加剂后加法或其他措施，不得随意加水。检测稠度时，还应注意观察拌和物的黏聚性和保水性。

混凝土拌和物输送浇注地点后，应不离析、不分层，组成成分不发生变化，如出现上述现象应进行二次搅拌。运输容器和管道应不吸水、不漏浆，冬季应有保温措施，夏季气温超过40℃时应有隔热措施。拌和物从搅拌出料到浇注完毕的延续时间不宜超过规定。采用泵送混凝土时应保证混凝土泵连续工作，泵送间歇时间不宜超过15min。运至浇注地点时，拌和物温度最高不宜超过35℃，最低不宜低于5℃。否则，在搅拌时应采取降温或加热措施。

浇注混凝土之前，施工人员应认真检查准备工作是否符合设计和规范要求，如模板、钢筋、保护层、预埋件等的尺寸、规格、数量和位置的偏差，模板支撑的牢固性，接缝是否密合，钢筋接长是否合格，等等。这些隐蔽项目和模板应验收合格后才能浇注，验收资料作为技术档案保存。

混凝土浇筑过程中主要保证均匀性和密实性。大体积混凝土要布置测温点，控制温度；不同时间浇注的混凝土防止接口处分层。布料时若竖向浇注高度超过3m，应采用溜管等。混凝土拌和物应保证稠度基本一致，不分层不离析。根据拌和物的稠度与工程或构件形状、布筋等，选择合理的振捣器和振动时间，保证不出现麻面、蜂窝等缺陷，使混凝土密实、均匀。发现浇注缺陷应及时采取消除缺陷的措施，并在终凝前修补已有缺陷。浇注时应按设计与施工验收规范的要求制作足够数量的混凝土试件，供后续工序施工及混凝土性能评定时用。

二、混凝土质量非破损检测

（一）混凝土外观质量的检测

1.混凝土构件外形尺寸的检测

混凝土结构构件的外形特征能大致反映出构件本身的使用状态。结构构件尺寸直接关系到构件的刚度和承载能力。外观质量检测是通过混凝土构件的外部观察或使用简单的工具直接量测。如使用合格的钢尺，可量测混凝土构件的长度、宽度和厚度，还可测得中间截面和两端截面的尺寸。如设计上无特殊要求，混凝土构件的允许偏差应符合国家标准《混凝土结构工程施工质量验收规范》（GB 50204—2015）的规定。

2.混凝土构件表面蜂窝面积和深度的检测

混凝土构件的外观缺陷，一般可以反映出混凝土内部质量。若按规程设计混凝土配合比，通常在配筋较密的情况下，经振捣的混凝土都能充满模型的各个角落。但是，经常在拆模之后仍能发现混凝土表面有不密实的缺陷。表面局部漏浆、粗糙，或有许多小凹坑的现象，这称为麻面。若混凝土局部酥松、砂浆少，石子之间出现空隙，就形成了蜂窝状孔洞。产生这些缺陷的原因很多，多见于局部漏振、混凝土流动度太小、骨料粒径太大、配筋间距过密，或者是混凝土拌和物在运输、浇注中产生离析，模板安装不好，有局部漏浆等。

蜂窝麻面的形成造成了结构构件的断面减少，降低了构件的承载能力。同时蜂窝部位的混凝土内存在大量的孔隙，使钢筋与大气中的水汽、氧气直接接触，形成各种有害离子的通道，造成钢筋锈蚀，直接影响结构的寿命。

混凝土的孔隙率直接影响混凝土构件的抗压、抗弯、抗拉以及混凝土的弹性模量。由于混凝土孔隙率增加，使混凝土强度局部有所降低。从工程实践中总结出蜂窝麻面与混凝土的下降级别如下：

（1）a级：混凝土表面有轻微麻面，浇注层间存在少量间断空隙，敲击时粗骨料不下落，此时相当于强度比率为80%。

（2）b级：混凝土表面有粗骨料，凹凸不平，粗骨料之间存在空隙，但内部没有大的空隙，粗骨料之间相互结合很牢，敲击时没有连续下落现象。此时相当于强度比率为40%～60%。

（3）c级：混凝土内部有很多空隙，粗骨料多露，有少量钢筋直接与大气接触，粗骨料周围有灰浆。但粗骨料之间灰浆黏结很少，形成空洞，敲击时卵石连续下落。此时相当于强度比率在30%以下。

若怀疑混凝土内部有蜂窝、孔洞等缺陷存在时，可采用超声波进行探测。

3.混凝土结构表面孔洞和露筋缺陷的检测

混凝土结构的孔洞是指结构构件内部有空腔。大部分孔洞是指超过钢筋保护层厚度，但不超过构件截面尺寸三分之一的缺陷。这些空洞缺陷是由于混凝土浇筑时漏振或模板严重漏浆所致。检查方法是：首先凿除孔洞周围松动的石子，用钢尺测量孔洞的高、宽、深度。

混凝土梁或柱上的孔洞面积不论在任何一处，孔洞缺陷的面积不得大于40cm^2，累计不得大于80cm^{2}时为合格品，可以进行修补。混凝土基础、墙、板的面积较大，所以孔洞缺陷的面积的相应标准也适当放大。任何一处孔洞面积不得大于100cm^2，累计不大于200cm^{2}为合格品，可以采取修补方法将混凝土修补整齐。

露筋是指钢筋混凝土结构内部的主筋、架立筋、箍筋等没有混凝土包裹而外露的缺陷。露筋一般由于钢筋骨架放偏、混凝土漏振或模板严重漏浆所造成。旧建筑物的露筋是由于混凝土表面腐蚀、冻融破坏、钢筋锈蚀，使混凝土保护层脱落或是受到各种意外撞击等。可用钢尺量取钢筋的外露长度。在混凝土梁和柱的结构上，任何一根主筋的露筋长不大于10cm、累计不大于20cm为合格品。但梁端主筋锚固区不允许有露筋。其他部位露筋长度可适当放宽。

4.混凝土结构裂缝缺陷的检测

硬化混凝土裂缝的出现都是可能对结构承载力产生破坏的一种现象。混凝土结构的破坏与倒塌都是从裂缝扩展开始。因此，混凝土结构出现裂缝，首先要调查对使用结构受力是否有影响。结构混凝土在实际使用中承受两大荷载——外力荷载和变形荷载。外力荷载有动荷载、静荷载和其他荷载。变形荷载是由于混凝土自身温度、收缩、不均匀沉降而引起的荷载。这些变形荷载引起结构变形，当变形得不到满足时，才引起应力。且其应力与结构刚度大小有关。只有应力超过一定数值时，才会出现裂缝。裂缝出现变形得到满足，应力就松弛。变形裂缝，一般情况下裂缝较为稳定，对结构的破坏不大。而外力荷载引起的结构内应力变化形成的裂缝，称为荷载裂缝。荷载裂缝的出现是表现结构承载力下降，应引起使用者的重视。

（1）裂缝现状的调查。裂缝的形式多种多样，有表面的、贯穿的、纵向的、横向的、上宽下窄的、下宽上窄的枣核形的、对角线形的、斜向的等。混凝土表面的微裂缝，有的呈网状、有的呈放射状、有的呈平行状等。由于气温变化，裂缝调查应在春秋两季进行为好，因此时气候较为干燥、雨水少，是裂缝开裂最大的时期。裂缝调查内容如下：

①裂缝现状的调查：裂缝的形状、长度、宽度是否贯通，缝内有无异物，干湿状态等。

②影响使用的调查：裂缝是否漏水、是否有盐析、钢筋锈蚀状况、结构物的变形状况、外观是否损伤等。

③裂缝开展情况的调查：产生或发现裂缝的时间以及裂缝开展过程。

④施工记录调查：施工时使用的材料、配合比、浇注记录、气温、工程进度、试验数据、地基情况、模板种类、环境条件等，并绘制裂缝分布图。

（2）裂缝的检测方法和手段。检测裂缝的方法很多，较为方便。测定裂缝宽度的工具有钢制裂缝塞尺、裂缝对比卡、测量裂缝宽度的放大镜等。为了测量裂缝是否贯通，还要准备一些补缝器、注浆嘴等。

①裂缝宽度是指在混凝土表面上与裂缝走向垂直方向所裂开的宽度。混凝土因温度影响，产生收缩或膨胀，裂缝宽度也会随之而变化。测量时尽量保持温度一致，在春季和秋季裂缝开展最大时测量。一天之中以每天上午十点左右测量较好，此时温度相当于每天的平均温度。遇降雨或大雾天气，至少应过三天后才能测量。测量时采用刻度放大镜或钢制塞尺进行测量。

②裂缝宽度变化的测量：经常以应变计、手提式引伸仪测量裂缝宽度的变化。在垂直裂缝走向的位置，黏结固定“」”型钢制铁块两个，采用游标卡尺准确测两铁块间距变化，可以看出裂缝宽度的变化。对于裂缝长度的变化，可以用

刻度直尺沿其走向测出，并记录裂缝末端位置的变化来确定。

③测量裂缝是否贯通：可采用在裂缝中注入带色液体的方法进行检查。

（二）结构混凝土中钢筋材质的检查

钢筋混凝土损伤的主要原因有两种：一是混凝土抗压强度低；二是钢筋锈蚀，使截面减小，导致混凝土结构的承载力下降。因钢筋混凝土中的钢筋是被浇注在混凝土中的，混凝土硬化后不容易检查。为保证结构的钢筋质量，必须在混凝土浇筑前对钢筋进行检验。例如，对构件中钢筋的数量、钢材的材质、物理力学性能、配筋数量、规格和锈蚀程度等进行检验。

1.钢筋材质的检验

对于现有建筑物结构混凝土中钢筋的材质，主要检验其规格和型号，即钢筋的种类、直径和抗拉强度。钢筋材质一般只在结构构件上作抽样验证。凿去构件局部保护层，观察钢筋型号、量取圆钢筋直径或型钢特征尺寸。截取试样作抗拉试验时，首先要考虑到被取样构件在截取试件后仍要有足够的安全度，还应注意到试样的代表性。

2.钢筋位置和保护层的测定

测定钢筋位置和钢筋保护层厚度可用钢筋保护层测定仪。测定仪采用电磁感应原理制成，接通电源，把探头远离导磁体，调整零点。把探头平行主筋方向平移，边移动边观察微安表上指针的位置，表上指针的最大读数就是主筋所在位置。主筋与构件边缘的距离为保护层厚度。探头平行于箍筋方向平移，也就检查出箍筋的位置和方向。

3.钢筋锈蚀程度的检验

混凝土中钢筋锈蚀会减小钢筋的截面，降低钢筋和混凝土之间的黏结力，从而减弱了整个混凝土构件的承载能力。检验混凝土工程中的钢筋锈蚀程度是鉴定工程质量的一个主要项目。检验混凝土中的锈蚀，通常采用直接观测法和裂缝观察法两种方法。

（1）直接观测法：选择构件上钢筋锈蚀比较严重的部位，如在保护层被膨胀、剥落处和保护层有空鼓现象的部位，直接凿出局部钢筋保护层，将钢筋全部露出来，除锈、露出钢筋的金属光泽。用游标卡尺测量钢筋的剩余直径、锈蚀坑的深度、锈蚀长度，以及锈蚀产物的厚度。用较细的软尺量测锈蚀钢筋的周长，计算出钢筋锈蚀截面。

（2）裂缝观察法：钢筋锈蚀后，锈蚀产物的体积比原钢材体积增大2～4倍。产生破坏的膨胀力最后造成混凝土保护层开裂和剥落。因此可通过混凝土结构表面初始裂缝来判断钢筋是否锈蚀。

（三）混凝土强度的非破损检验

1.回弹法检测混凝土抗压强度

回弹法是指用回弹仪测定混凝土表面硬度来推断该混凝土抗压强度的一种方法。用回弹法检测混凝土强度时，必须要求被测结构或构件混凝土的内外质量基本一致。当混凝土表层与内部质量有明显质量差别时，不允许使用回弹法来检验结构混凝土的抗压强度。如遭受化学腐蚀或火灾，混凝土施工硬化期间遭受冻害，或施工时造成内部有明显的缺陷等。回弹法检测混凝土抗压强度简便灵活，检验方法易实现，符合我国国情。经过多年来的努力，已逐步解决了回弹法检测混凝土强度的精度问题，有利于普遍推广应用，使其在监督、检验结构工程和混凝土质量中发挥了应有的作用。

2.超声回弹综合法检测混凝土强度

将利用超声波通过混凝土的声速与采用回弹仪在构件表面的回弹值这两种方法综合起来推定构件混凝土的强度，称为超声回弹综合法。

第五节　砂浆试验

一、概述

（一）砂浆及其分类

砂浆由胶凝材料、掺加料和砂加水拌和而成，必要时也可加入外加剂。胶凝材料有水泥、石灰，掺加料有黏土膏、粉煤灰等，外加剂有微沫剂、塑化剂、氯化钠等。

砂浆按组成分为水泥砂浆、石灰砂浆和水泥混合砂浆。在水泥混合砂浆中，有水泥石灰砂浆和水泥黏土砂浆等。

砂浆按用途分为砌筑砂浆和抹灰砂浆。

砂浆的强度等级由符号M和抗压强度值（以N/mm^2计）表示。共分为M15、M10、M7.5、M5、M2.5、M1和M0.4这7种。

（二）砂浆对原材料的要求

（1）水泥：通用水泥均可使用。水泥砂浆采用的水泥标号不宜大于425号，水泥混合砂浆采用的水泥标号不宜大于525号。

（2）石灰：生石灰粉，其细度用0.080mm筛的筛余量不应大于15%。石灰膏由生石灰加水熟化并用孔径不大于3mm×3mm的网过滤。熟化时间，用于砌筑砂浆时不得少于7d；用于抹灰砂浆时不得少于30d。石灰膏的稠度为12cm，消石灰粉不得用于砌筑砂浆。

（3）黏土膏：用黏土或亚黏土制备的黏土膏，应通过3mm×3mm的网过筛。稠度为12cm。黏土中的有机物含量用比色法鉴定应浅于标准色。

（4）电石膏：制作电石膏的电石渣应经20min加热至70℃，没有乙炔气味，方可使用。稠度为12cm。

（5）粉煤灰：Ⅰ、Ⅱ、Ⅲ级粉煤灰均可使用。

（6）砂：宜采用中砂，砌筑毛石砌体宜采用粗砂。砂的含泥量不应超过5%，强度等级为M2.5及其以下的水泥混合砂浆，砂的含泥量不应超过10%。

（7）水：不含有害物质的洁净水。

（8）微沫剂：使用前应先通过试验确定掺量，一般为水泥重量的0.005%～0.01%。

（9）塑化剂：有皂化松香、纸浆废液、硫酸盐酒精废液等。掺量由试验确定，一般为水泥重量的0.1%～0.3%。水泥黏土砂浆中不得掺入有机塑化剂。

（10）氯化钠、氯化钙：在冬季砌筑工程中使用。

二、砂浆主要性能试验方法

（一）砂浆的稠度试验

（1）稠度试验仪器：砂浆稠度仪、捣棒及秒表。

（2）试验简介：

①将砂浆拌和物一次装入容器，使砂浆表面低于容器口10mm左右，用捣棒自容器中心向边缘插捣25次，然后轻轻地将容器摇动或敲击5～6下，使砂浆表面平整，随后将容器置于稠度测定仪的底座上。

②拧开试锥滑杆的制动螺丝，向下移动滑杆。当试锥尖端与砂浆表面刚接触时，拧紧制动螺丝，使齿条侧杆下端刚接触滑杆上端，并将指针对准零点。

③拧开制动螺丝，同时计时间，待10s立即固定螺丝，将齿条测杆下端接触滑杆上端，从刻度盘上读出下沉深度（精确至1mm）为砂浆的稠度值。

（3）稠度试验结果应按下列要求处理：

①取两次试验结果的算术平均值，计算值精确至1mm。

②两次试验值之差如大于20mm，则应另取砂浆搅拌后重新测定。

（二）砂浆凝结时间试验

（1）凝结时间测定设备：砂浆凝结时间测定仪及定时钟等。

（2）试验简介：

①制备好的砂浆（控制砂浆稠度为100±10mm）装入砂浆容器内，并置于20±2℃的室温条件下保存。

②用截面为30mm的贯入试针与砂浆表面接触，在10s内缓慢而均匀地垂直压入砂浆内部25mm深，每次贯入时记录仪表读数。

③在20±2℃条件下，实际的贯入阻力值在成型后2h开始测定（从搅拌加水时起算），然后每隔半小时测定一次，至贯入阻力达到0.3MPa后，改为每15min测定一次，直至贯入阻力达到0.7MPa为止。

④施工现场凝结时间测定，其砂浆稠度、养护和测定的温度与现场相同。

（3）由测得的贯入阻力值，可按下列方法确定砂浆的凝结时间：

①分别记录时间和相应的贯入阻力值，根据试验所得各阶段的贯入阻力与时间关系绘图，由图求出贯入阻力达到0.5MPa时所需的时间t_s（min），此t_s值即为

砂浆的凝结时间测定值；

②砂浆凝结时间测定，应在一盘内取两个试样，以两个试验结果的平均值作为该砂浆的凝结时间值，两次试验结果的误差不应大于30min，否则应重新测定。

（三）砂浆立方体抗压强度试验

（1）砂浆抗压强度试验主要为压力机，试模为70.7mm × 70.7mm × 70.7mm立方体。

（2）砂浆立方体抗压强度试验简介：

①将无底试模放在预先铺有吸水性较好的湿新闻纸的普通黏土砖上（砖的吸水率不小于10%，含水率不大于2%），向试模内一次注满砂浆，用捣棒均匀由外向里按螺旋方向插捣25次，当砂浆表面开始出现麻斑状态时（15 ~ 30min），将高出部分的砂浆沿试模顶面削去抹平。

②试件制作后应在20 ± 5℃温度环境下停置一昼夜（24 ± 2h）。当气温较低时，可适当延长时间，但不应超过两昼夜。对试件进行编号并拆模，移置于标准养护条件下，继续养护至28d。

③试件从养护地点取出后，应尽快进行试验。加荷速度应为每秒钟0.5 ~ 1.5kN，砂浆强度为5MPa及5MPa以下时，宜取下限；砂浆强度为5MPa以上时，宜取上限，记录破坏荷载。

（3）砂浆立方体抗压强度以6个试件测值的算术平均值作为该组试件的抗压强度值，平均值计算精确至0.1MPa。当6个试件的最大值或最小值与平均值的差超过20%时，以中间4个试件的平均值作为该组试件的抗压强度值。

（四）砂浆抗渗性试验

（1）主要仪器设备：砂浆渗透试验仪，截头圆锥金属试模（上口直径70mm，下口直径80mm，高30mm）。

（2）试验简介：

①按要求制备砂浆并将成型的试件放入养护室养护至规定龄期，取出并待表面干燥后，在试体侧面和试验模内表面涂一层密封材料（如有机硅橡胶），把试件压入试验模使两底面齐平，静置24h后装入渗透仪中，进行透水试验。

②水压从0.2MPa开始，保持2h，增至0.3MPa，以后每隔1h增加水压0.1MPa，直至所有试件顶面均渗水为止，记录每个试件各压力段的水压力和相应的恒压时间t（h）。如果水增至1.5MPa，而试件仍未透水，则不再升压，持荷6h后，停止试验。

第六节　灌浆质量检验

一、回填灌浆质量检验

（1）混凝土、钢筋混凝土衬砌的顶部，必须进行回填灌浆。

（2）回填灌浆的范围、孔距、排距、灌浆压力及浆液浓度等，应根据衬砌结构型式、隧洞的工作条件及施工方法等综合分析确定。

（3）回填灌浆孔设置：在素混凝土衬砌中，宜采用直接钻孔方法；在钢筋混凝土衬砌中，应采用预埋管，或从预埋管中钻孔的方法。钻孔宜深入岩石10cm。

（4）应检查灌浆孔畅通情况。

（5）灌浆程序应按有关规定进行。

（6）无损检验有两种：

①超声波检验。利用超声波在各界面的反射，可检验回弹灌浆水泥结石的性质、水泥结石和岩石的缝隙。

②探地雷达检验。利用探地雷达可检验水泥和岩石之间缝隙的大小及范围。

（7）钻孔检验。钻孔检验应在该部分灌浆结束7d后进行。

①钻孔注浆法。向孔内注入水灰比2：1的浆液，在规定的压力下，初始10min内注入量不超过10L，认为合格。

②钻孔岩心检验。根据岩心揭示，观测岩心质量、长度与岩石结合情况。必要时，应对水泥结石进行强度检验。

③钻孔电视。通过电视屏幕观测钻孔孔壁，检验水泥结石质量、长度、与岩石结合情况。

二、固结灌浆质量检验

（1）需进行固结灌浆的岩体应裂隙发育，且具有可灌性。对于重大工程应进行灌浆试验。

（2）固结灌浆孔在灌浆前应用压力水进行裂隙冲洗，直至回水清净。冲洗压力应为灌浆压力的80%，并不大于1MPa。在冲洗后的孔内进行压水试验，试验的数量和方法应符合有关规定。

（3）固结灌浆的范围、孔的布置、浆液配置、灌浆程序等，应按有关规定进行。

（4）在灌浆过程中，应注意冒浆、漏浆现象。

（5）采用单点压水试验进行固结灌浆质量检验时，试验孔数量不宜少于灌浆孔总数的5%。孔段合格率应大于80%，不合格孔段的透水率不大于设计值的50%，且不集中，灌浆质量认为合格。

（6）钻孔检验：

①钻孔岩芯检验。应观测岩芯裂隙中结石充填情况、结石性质、结石与岩石胶结情况。

②钻孔岩体声波速度测试。根据固结灌浆目的，可采用单孔法或跨孔法测试，测试应对灌浆前后同类岩体分别进行。

③钻孔变形试验。试验应在灌浆28d后进行，试验孔应选择在两灌浆孔之间。试验应对灌浆前后同类岩体分别进行。

三、帷幕灌浆质量检验

（1）蓄水前应完成蓄水初期最低库水位以下的帷幕灌浆及其质量检验工作。蓄水后，帷幕灌浆应在库水位低于孔口高程时进行。

（2）帷幕灌浆孔孔位偏差不得大于10cm，孔向及孔深应符合设计要求。

（3）帷幕灌浆孔（段）在灌浆前宜采用压力水进行裂隙冲洗，直至回水清净。冲洗压力应为灌浆压力的80%，并不大于1MPa。在冲洗后的孔内进行压水试验，试验方法和数量应符合有关规定。

（4）帷幕灌浆的位置、孔的布置、浆液配置、灌浆程序等，应符合有关规定。

（5）在灌浆过程中，应注意串浆现象。

（6）质量检验包括：

①帷幕灌浆检查孔布置。检查孔应布置在帷幕中心线上、地质条件复杂部位、灌浆注入量大的孔段附近、灌浆不正常或对灌浆质量有影响的部位。检查孔数量应符合有关规定。

②钻孔岩芯检验。检查孔应全孔取芯，应观测岩芯裂隙中结石充填情况、结石性质、结石与岩石胶结情况。计算岩芯获得率。

③帷幕灌浆质量检验。检验以检查孔压水试验成果为主，结合竣工资料和测试成果，综合评定。

④压水试验。试验应在该部位灌浆结束14d后进行。自上而下分段进行压水试验，试验方法应符合有关规定。

⑤质量评定。坝基岩石帷幕灌浆质量压水试验检验，坝体混凝土与基岩接触段及其下一孔段的合格率应为100%；再以下各孔段的合格率应大于90%，不合格孔段的透水率不应大于设计规定值的100%，且不集中，可认为灌浆质量合格。

⑥封孔质量检查。对帷幕灌浆孔的封孔质量，宜进行抽样检查。

第七节　原位检测

一、围岩变形检测

（一）洞室收敛检测

洞室收敛检测是采用收敛计量测洞室两个测点之间的距离变化，即收敛值。该方法适用于各类岩体中的洞室收敛检测，也可用于边坡、基坑某一断面两点间的位移检测。

观测断面和测点位置的选择应考虑地质条件、围岩应力大小、施工方法、支护形式及围岩的时间和空间效应等因素。

观测前，需对观测段进行地质描述，以用于资料分析计算。描述内容主要包括观测段岩性、岩体结构面性状、地下洞室开挖过程中岩体应力特征、水文地质条件等，并收集观测断面地质剖面图、展示图等。

测点埋设处的松动岩石应予以清除，测点应牢固地埋设在岩石表面，铺设好应变计连接电缆。观测前需对收敛计进行标定。观测要点如下：

（1）调节拉力装置，使钢尺达到恒定张力，读计收敛值。

（2）重复（1）的程序2次，取3次读数的平均值作为计算值。3次读数差不应大于收敛计的精度范围。

（3）观测的同时，测记收敛计的环境温度。

（4）观测时间间隔，应根据工程需要或围岩收敛情况确定。

（二）钻孔轴向岩体位移检测

钻孔岩体轴向位移观测是采用钻孔多点位移计量测由于修建地表和地下岩体工程所引起的岩体位移，适用于各类岩体在钻孔轴线方向的位移观测。

观测断面、观测孔的布置应根据工程要求、地质条件等确定，观测孔的深度应超出应力扰动区；观测孔中的测点位置，宜根据位移变化梯度确定，应避开构造破碎带。

观测段地质描述同洞室收敛观测，并收集观测孔钻孔柱状图等。

1.观测准备及仪器埋设

（1）在预定部位，按要求的孔径、方向和深度钻孔。孔口松动岩石应清除干净，孔口应保持平整。

（2）钻孔达到要求深度后，应将钻孔冲洗干净，并检查钻孔的通畅程度。

（3）在预定位置由孔底向孔口逐点安装测点或固定点，应防止测点与固定点之间传递位移的连接件相互干扰，并铺设好连接电缆。

（4）调整每个测点的初始读数。

2.观测要点

（1）每个测点应重复测读3次，取其平均值。3次读数差不应大于仪器精度范围。

（2）观测时间间隔应根据工程需要或岩体位移情况确定。

3.观测成果整理

（1）绘制测点位移与时间关系曲线。

（2）绘制同一时间测孔内的测点位移与深度关系曲线。

（3）绘制测点位移与断面和空间关系曲线。

（三）钻孔横向位移检测

钻孔岩体横向位移检测的测斜仪法，是用测斜仪量测边坡、地下工程、坝基等工程岩体发生的水平位移，适用于各类岩体。

观测孔的布置应根据工程岩体受力情况和地质条件，重点布置在最有可能发生滑移或对工程施工及运行安全影响最大的部位。

观测段地质描述同洞室收敛观测，并收集观测孔钻孔柱状图等。

观测前需开凿观测孔。在预定部位，按要求的孔径和深度沿铅直方向钻孔。钻孔达到要求深度后，应将钻孔冲洗干净，并检查钻孔的通畅程度。

测斜管安装时，其中一对导槽方向宜与预计的岩体位移方向一致，在测斜管安装到位后，应将灌浆管下入孔内进行灌浆。待浆液固化后，应量测测斜管导槽方位。

1.观测要点

（1）用模拟测头检查测斜孔导槽。

（2）使测斜仪测读器处于工作状态，将测头导轮插入测斜管导槽内，缓慢地下至孔底，然后由孔底开始自下而上沿导槽全长每隔一定间距测读1次，记录测点深度和读数。测读完毕后，将测头旋转180插入同一对导槽内，按以上方法再测1次，测点深度应与第一次相同。测读完一对导槽后，将测点旋转90°，按相同程序测读另一对导槽的两个方向的读数。

（3）每一深度的正反两读数的绝对值宜相同；当读数有异常时，应及时补测。

（4）浆液固化后，应按一定的时间间隔进行测读，取其稳定值作为观测值的基准值。

（5）校核测斜管导槽方位，按（1）（2）（3）的程序进行位移观测。

2.观测成果整理

（1）绘制变化值与深度关系曲线。

（2）绘制位移与深度关系曲线。

（3）对于有明显位移的部位，应绘制该深度的位移与时间关系曲线。

二、应力应变检测

（一）应力检测

岩体应力检测是采用液压应力计量测岩体内部或岩体与结构物接触面上压应力的变化值，主要用于地下工程。

根据检测需要，岩体的地质单元选择观测断面；根据预先调查结果，选择各测点位置及深度，该位置应不受扰动并具有代表性。

观测断面及观测点地质描述应符合有关规定。

在岩体内埋设仪器时，应在选定的测点部位，根据仪器布置要求，用切槽机切出一对相互垂直的半圆槽：在结构物与岩体接触面上埋设仪器时，放置液压枕的岩石表面应凿平，在适当部位用电钻孔，埋设固定液压枕的螺栓。

在仪器安装前，应对应力计各部件进行全面校验并试压。

在岩体内安装仪器时，将半圆形液压枕塞入已切好的槽内，液压枕应与受力方向垂直，并对孔内应力计进行砂浆回填；在结构物与岩石接触面安装液压枕时，应用砂浆填平岩面，将液压枕固定在岩面上，应保证观测过程中不会移动。仪器安装完成后，应妥善铺设连接管路。

1.观测要点

（1）埋设后受混凝土水化热影响的应力计，应待初凝后（一般3～7天）进行补压。

（2）观测测次及时间应根据工程要求而定，并根据压力变化速率经常加以调整。

（3）读数前后应校正读数装置的压力表（或压力传感器），并分析测值的变化是否合理。

（4）每次观测时，应严防连接输液管时空气进入测量液中。为保证排除管内的气体并获得稳定的流量，应逐渐加大液压，直至见到回流，再保持1min以上，并记录下该压力值。

（5）缓慢卸荷至初始读数，然后逐渐增压，当再见到稳定回流时即保持该流量（3～4mL/min），记下相应的压力值，该值即为最小流量下的应力值。由于传换器中阀片的惯性，在压力曲线上通常有一个峰值，此值可不予考虑，仅记下以后的稳定值，此稳定压力即为测量值。

（6）每次观测读数不得少于2次，且2次读数差应小于压力表最小刻度。

2.成果整理和计算

成果整理和计算参照有关规定。

（二）应变检测

岩体应变检测是通过量测岩体表面或深部某点变形的相对变化率，用该值分析由于开挖（地表、地下）载荷变化、边坡移动或现场试验所引起的岩体变形，适用于各类岩体。

观测断面应布置在典型区段应变变化最大或对工程施工、运行最不利的部位；在观测断面上，应考虑应变分布规律布置测点。测试应变计可采用差动电阻应变计、钢弦应变计或电阻应变片。

地质调查及描述应符合有关规定。

埋设应变计的钻孔或槽、面尺寸取决于应变计的类型、特性和引出电缆的方式，钻孔时应注意观察孔向和岩性变化。

应变计安装前应进行检查、率定，埋设前应检查埋设点是否符合要求。将测点处的钻孔（槽）冲洗干净，然后将应变计放入孔（槽）内，正确定位后注入水泥砂浆或其他黏结材料。应变计应埋入完整岩体中，不能横跨裂隙。应变计安装完毕，应正确铺设连接电缆。

1.观测要点

（1）应变计埋设后，每天测读一次，待因砂浆固化引起的应变变化稳定后，所测得的读数作为初始读数值。

（2）正常观测时，应按照规定的时间进行。观测次数时间应考虑岩体的变形特性，变形速率大的阶段观测间隔时间要短，反之则长。

（3）连续观测，取得变形全过程资料。

2.成果整理

（1）观测初始值应取埋入应变计部位的岩体应力场发生变化之前的应变观测值，同时必须是不包括温度和砂浆变形影响的稳定值。

（2）观测值中包括了观测初始值、岩体温度变形和砂浆自身体积变形，在计算中应予以扣除。岩体的温度变形和砂浆自身体积变形可以用经验值或用无应力计实测。

三、锚杆检测

（1）锚杆抗拔力检测是检验锚杆的极限载荷，适用于各类锚杆。

（2）在预定的部位，按设计要求埋设锚杆。需要注浆的锚杆，浆液配方及注浆方式应按设计要求进行。按要求进行养护，达到预定的强度后进行试验。

（3）采用千斤顶加载，对锚杆施加拉力，千斤顶支座应在预估的岩石破坏范围以外。加载应分级进行，采用一次逐级加载。在比例极限范围内，不宜少于5级，整个过程不宜少于10级。

（4）每级加载的稳定时间应视岩石、注浆材料性质而定，可采用时间控制或变形控制。

（5）破坏形式：

①锚杆拉断。

②锚杆被拔出。

③锚杆连同岩石一起被拔出。

④上述几种形式的组合。

（6）抗拔力的确定：

①应根据锚杆极限抗拔力分析锚固段强度、浆液固结后对锚杆的握裹力、锚杆强度、岩石强度对破坏形式的影响。

②分析锚杆载荷与变形的关系曲线。

③确定锚杆抗拔力，或修改锚杆设计。

第六章　混凝土坝工程施工试验与检测

第一节　混凝土坝工程施工试验与检验的内容

混凝土坝工程现今主要以重力坝和拱坝两种坝型为代表，下面内容仅以两种坝型进行说明。其施工试验与检验内容主要根据工程的重要程度和规程、规范及有关技术要求所规定的必须检测的项目以及满足大坝安全鉴定所必须检验的项目进行综合确定。一般分两部分：一是基础工程，检测范围包含基础开挖、基础处理、灌浆工程等；二是混凝土工程，这在混凝土坝工程中是一项主要而重要的内容，检测范围包含原材料检验、混凝土拌和质量检验、混凝土浇筑检验和坝体芯样检验、坝体内外观测检验及坝体外观尺寸形体检验等。

一、基础工程

基础工程检验的内容有基础开挖尺寸、建基面弹性模量或声波、基础锚杆的抗拔力、基础灌浆的效果（压水试验及声波检测）等。

二、混凝土工程

（1）筑坝原材料（水泥、粉煤灰、砂石骨料、外加剂）的性能。

（2）施工配合比的力学及热学性能。

（3）机口及仓面混凝土对比抽查，主要检查项目为强度、抗渗、抗冻等，重点部位为拉、压应力较大的部位和高速水流区。

（4）坝内温度及外部气温对比观测，重点部位为强约束区及过流的孔洞部位。

（5）新、老混凝土面温差及层间结合控制。

（6）坝体水平位移及垂直位移，重点部位为基础条件较差的坝段及沉降缝。

（7）高速水流区的过流面平整度及掺气槽的掺气效果及闸门槽体型。

（8）施工缝灌浆压力、灌浆温度及缝的开合度。

（9）坝体几何尺寸控制。

（10）钢筋密集区混凝土密实度及强度检测。

（11）施工期，龄期不足的混凝土坝面时，坝体温度应力检测。

（12）坝体芯样。

（13）混凝土入仓温度及温控效果检测。

（14）对于碾压混凝土重力坝，关键要对碾压混凝土VC值、入仓温度、每一碾压层的压实度、骨料分离等进行检测，要特别注意层间结合的强度及坝体温度监测。

（15）碾压混凝土拱坝应力及温度场的对比监测。

（16）对碾压混凝土拱坝诱导缝位置、可灌性及缝的开合情况进行监测。

（17）对其他结构缝（如周边缝、周边短缝或其他需要的结构缝）进行监测，重点监测缝端的稳定性。

（18）碾压混凝土各层间结合强度的检测。

（19）工程缺陷处理的安全检测。

第二节　混凝土原材料的质量标准与检验

一、概述

混凝土坝工程的原材料的施工试验与检验一般是由施工单位的工地试验室进行。对于大、中型工程，在工程设计阶段，设计部门根据工程要求，对混凝土的标号、抗冻、抗渗、极限拉伸、粗骨料最大粒径等，提出具体要求。设计院的科研试验部门则对主体工程所需要的原材料，如水泥、砂石骨料、掺合料、外加剂等进行调研、选点、检验，提出可供选用的意见并对主体工程混凝土配合比及其物理力学性能进行试验研究，提出较为完整的试验研究报告；工地试验室应对现场已确定的混凝土原材料进行复核性试验，并根据现场实际使用的原材料进行配合比的复核性试验与调整，调整后的混凝土各项物理力学性能必须满足设计要求和有关规程规范的要求，提出供现场使用的混凝土配合比。在施工过程中，工地试验室应对混凝土各项原材料进行经常性的质量检验；对混凝土的生产进行质量管理与检验，以确保混凝土生产质量；对已浇筑的混凝土建筑物应进行钻孔取样、压水、非破坏性检验，以鉴定混凝土是否符合工程质量要求与安全要求。

二、水泥

我国通用的水泥分为硅酸盐水泥、普通硅酸盐水泥、矿渣硅酸盐水泥、火山灰质硅酸盐水泥、粉煤灰硅酸盐水泥及复合硅酸盐水泥。工程所用水泥品质应符合现行国家标准及有关部颁标准的规定，大型工程可根据工程特点对水泥的矿物成分等提出专门要求。为便于工程质量及施工管理，水泥应定厂供应。

（一）硅酸盐水泥

（1）硅酸盐水泥的优点是：①早期强度高；②凝结硬化快；③抗冻性好。

（2）其缺点是：①水化热较高；②耐热性较差；③耐酸碱和硫酸盐类的化学侵蚀性差；④抗溶出性侵蚀差。

（二）普通硅酸盐水泥

（1）普通硅酸盐水泥的优点是：①早期强度高；②凝结硬化快；③抗冻性好。

（2）其缺点是：①水化热较高；②耐热性较差；③抗溶出性侵蚀较差。

（三）矿渣水泥

（1）矿渣水泥的优点是：①水化热低；②在潮湿环境中后期强度增进率较大；③耐热性好；④抗硫酸盐侵蚀及抗溶出性侵蚀好。

（2）其缺点是：①早期强度低，低温时更显著；②抗冻性差；③干缩性大，有泌水现象。

（四）粉煤灰水泥

（1）粉煤灰水泥的优点是：①水化热较低；②抗硫酸盐及抗溶出性侵蚀较好；③干缩性较小；④后期强度增长率较大。

（2）其缺点是：①早期强度低；②耐热性较差；③抗冻性较差；④抗碳化能力较差。

（3）中热水泥的优点是：水化热低，抗冻性好，具有一定的抗硫酸盐性能，适用于大体积有温控要求的工程部分；其缺点是早期强度略低，抗溶出性浸蚀差，价格较贵。

运到工地的水泥应有制造厂的品质试验报告，水泥的各项性能指标工地试验室必须进行复验，每200～400t同品种、同标号的水泥为一取样单位。如不足200t，也作为一取样单位。可从20个不同部分水泥中等量取样，混合均匀后作为样品，其总量一般不应少于10kg。如有异议，应留样并及时通知厂家，请有仲裁权的机构复核仲裁。

水泥的品种、标号不得混杂。水泥在运输储存过程中应防止受潮，散装水泥应及时倒罐，一般可一个月倒罐一次。堆放袋装水泥时，应设防潮层，距地面、边墙至少30cm，堆放高度不得超过15袋，堆放时应标明品种、标号、厂家、出厂日期，分别堆放，并留出运输过道。袋装水泥储运时间超过3个月，散装水泥超过6个月时，使用前应重新检验。

三、掺合料

可用于混凝土中的掺合料有高炉粒化矿渣、粉煤灰、磷矿渣、火山灰、凝灰岩等，在水利水电工地用得最普遍的是粉煤灰。

（一）粉煤灰

粉煤灰是人工火山灰质活性混合材料。掺用优质粉煤灰的目的是改善混凝土性能，降低混凝土最高温升，提高混凝土抗裂性，节约水泥用量，降低工程成本。粉煤灰的活性主要取决于玻璃体含量，玻璃体主要集中于冷却速度较快、内能较高的小于45yum的颗粒中。玻璃体主要由SiO_2及Al_2O_3组成，其能与水泥水化后的产物Ca（OH）$_2$产生二次反应，生成具有一定强度的C-S-H及C-A-H凝胶物质，但其反应速度较慢。

在条件允许的情况下，应尽可能地选用Ⅰ级灰，特别是应选用需水量比小于100%的灰，其可减少混凝土的用水量，减少胶材用量，更为经济。粉煤灰含水量应小于1%。

掺粉煤灰的混凝土施工要求是：不应过振，以防止密度较轻的粉煤灰大量浮于面层；应加强表面养护，宜加覆盖，潮湿养护不得少于14d；在干燥或炎热气候条件下，潮湿养护不得少于21d；低温施工时，粉煤灰混凝土表面最低温度不得低于5℃，寒潮袭击时，如日降温幅度大于8℃时，应加强表面保温，防止产生裂缝。

运至工地的粉煤灰应有供应厂家的质量检验单。对于粉煤灰的各项性能指标，工地试验室应做复核性试验。一般每100t为一个取样单位，如不足100t也应作为一个取样单位。粉煤灰易吸湿受潮，应注意密封防潮。粉煤灰受潮后，除施工使用不便外，对其质量无不利影响（高钙粉煤灰除外，所谓高钙粉煤灰系指CaO含量≥8%），但使用时应扣除粉煤灰中的含水量。其取样方法、试样量及有异议的处理方法与水泥一样。

（二）磷矿渣

磷矿渣是磷厂的废渣，在云南、贵州数量很大，可作为混凝土混合材，但需烘干、磨细，且硬度大，磨细耗电高。其需水量比大，即使磨到45pm的筛余量为5%左右，其需水量比仍有107%。在同掺量、同水灰比条件下，与掺一级粉煤灰30%～50%比较，掺磨细磷矿渣的混凝土用水量要增加7.5%左右，28d及90d的抗压强度比掺粉煤灰约提高20%，初凝时间比同掺量的粉煤灰延长30～120min，终凝时间延长350～400min，3d、7d、28d的水化热比同掺量的粉煤灰增加10～30J/g。综合比较，磨细磷矿渣的性能不如粉煤灰，加工成本远大于粉煤灰。

（三）其他掺合料

在没有粉煤灰的地区，也有的工地用活性很低的凝灰岩，如附近有性能良好的火山灰也可采用。

四、砂石骨料

骨料是颗粒状材料，分为粗骨料与细骨料两种，粒径大于5mm的称为粗骨料，粒径小于5mm的称为细骨料，又称为砂。按其产因，可分为天然砂石料及人工砂石料两类。有条件的地方宜选用热膨胀系数较小、用水量较低的石灰岩质人工骨料。骨料本身的抗压强度宜大于混凝土要求强度的1.5倍，应选用非活性骨料，如含有活性骨料应做碱骨料反应试验，并应采取相应技术措施，试验论证不会发生碱骨料反应。

粗骨料的最大粒径不应超过钢筋净间距的2/3及构件断面最小边长的1/4：素混凝土板厚的1/2，应尽量选用较大粒径的粗骨料。施工中根据工程实际需要，粗骨料宜分为5～20mm、20～40mm、40～80mm、80～150mm四级，施工中应根据工程技术条件确定使用的最大粒径。

冲洗筛分骨料时，应控制好筛分进料量、冲洗水压和用水量，筛网的孔径与倾角等，以保证各级骨料的成品质量符合要求，尽量减少细砂流失。在有条件的工地生产人工砂时，可将砂筛分成粗、细两级，使用时按比例称量，准确地控制人工砂细度模数在2.6±0.2范围为佳。

人工砂石料破碎机械的选型应考虑机型对粗骨料粒形的影响。根据经验，由锷式破碎机生产的粒形最差，锤式破碎机生产的粒形最好，依次是锷式破碎机、圆锥破碎机、反击式破碎机、锤式破碎机。

堆存骨料的场地应有良好的排水设施。不同粒径的骨料必须分别堆存，设置隔离设施，严禁互相混杂。对于粗骨料，应尽量减少转运次数，大于40mm的粗骨料的净自由落差大于3m时，应设置缓降设备。骨料储仓应有足够的数量和容积，应有一定的料堆厚度。砂仓的容积、数量还应满足砂料分仓脱水的要求。不得有泥土等杂物混入粗、细骨料中。

如采用间断级配，应由试验确定，并应注意混凝土运输中骨料的分离问题，施工中应尽量避免使用间断级配。

五、外加剂

为改善混凝土性能，提高混凝土的质量及合理降低水泥用量，必须在混凝土中掺加适量的外加剂，其品种与掺量通过试验确定。

拌制混凝土或水泥砂浆常用的外加剂有减水剂、引气剂、缓凝剂、早强剂、抗冻剂、速凝剂等，应根据施工需要、对混凝土的性能要求、建筑物所处的环境条件，选择适当的外加剂。有抗冻要求的混凝土必须掺用引气剂，并严格限制水灰比及粉煤灰掺量。对于严寒地区，有高抗冻要求的混凝土的含气量宜采用下列数值：骨料最大粒径20mm，6%；骨料最大粒径40mm，5%；骨料最大粒径80mm，4%；骨料最大粒径150mm，3%。

对于含钢筋的混凝土，不得使用含氯盐的外加剂，以防止钢筋锈蚀。

工地使用外加剂应配制成一定浓度的水溶液，并应搅拌均匀，定期取有代表性的样品进行鉴定。如贮存时间过长，也须取样进行试验鉴定。外加剂应有出厂检验证明，到工地后，对主要性能应进行复核性试验，以保证产品的质量。

（一）减水剂及缓凝减水剂

减水剂及缓凝减水剂是混凝土中用的最广泛的外加剂，也是最有经济价值的外加剂，其性能首先以减水效果为基准，属于表面活性物质，是一种表面活性剂。

目前我国研制的减水剂种类繁多，但多为下列几种，或是单剂，或是兼有多种性能的复合剂。

（1）萘磺酸盐的甲醛缩合物。萘的纯度在95%以上，经甲醛的缩合度一般在7~12。缩合后加硫酸磺化，之后再加烧碱及石灰中和，沉淀、过滤、干燥，即成高浓的萘磺酸盐甲醛缩合物，外观为黄色粉状，其硫酸钠含量一般小于5%。如生产低浓的，则只加烧碱中和，干燥，即为成品，其硫酸钠含量一般为15%~20%。试验表明，高浓的与低浓的减水率差别不大。从性能价格比看，用低浓的较为经济。这种减水剂不缓凝，不引气，与不掺外加剂的同水灰比的各龄期混凝土比较，其抗压强度，特别是7天前的强度略有提高。掺量范围为胶凝材料的0.5%~1.6%，减水率为16%~30%，大致是每增掺0.1%，可减水3.2%左右，属于高效减水剂，是当前我国性能最好的一种减水剂，其生产成本也不高。其缺点是坍落度损失很快，使用时常与木钙、糖钙等其他外加剂复合，以减少坍落度损失，延长凝结时间，并能降低成本，进一步改善减水剂的性能。

（2）木质磺酸钙。其是一种很好的普通减水剂，是由造纸厂的纸浆废液经石灰中和，过滤、干燥而成的粉末。价格便宜，单位减水率（如以掺0.1%计）

高达4%～5%，性能价格比高，分散性很好，掺量一般为0.2%～0.3%，可减水8%～12%。因其含有还原糖，有较好的缓凝作用，上述掺量可缓凝2～4小时，还有一定的引气性，含气量为2%～3%。与不掺外加剂的同水灰比的混凝土比较，3天以后各龄期的强度略有提高。缺点是不能多掺，多掺了缓凝时间太长，含气量增大影响强度，黏聚性较差。木钙如遇到掺有硬石膏的水泥会速凝。单掺时，减水率较低，目前常与萘磺酸盐甲醛缩合物复合，配制成缓凝高效减水剂，性能互补，可大幅度提高减水率。由于各造纸厂所用树种不同，所产木钙的性能有很大的差异，主要是引气性差别很大，从而对混凝土的强度影响很大。

（3）萘的衍生物磺酸盐甲醛缩合物。减水效果也很好，属高效减水剂，不缓凝，但引气性较大。且气泡大，易破灭，不稳定，对改善混凝土抗冻耐久性不如松脂皂及松香热聚合物好。由于其引气性大，会降低混凝土强度，往往需与高频强振捣作业配合使用，以排除大气泡。掺后混凝土坍落度损失较快。

（4）AF型高效减水剂。其是多环芳烧（如蒽油）磺酸盐甲醛缩合物，有微引气性，不缓凝，掺量为胶凝材料的0.5%～1.2%，减水率为12%～25%，每增掺0.1%，可减水2.4%左右，同掺量的减水效果比萘磺酸盐甲醛缩合物差，成本低，价格便宜，但性能价格比略差。掺后混凝土坍落度损失较快。

（5）糖钙。其是制糖厂的糖蜜经与石灰膏（消石灰）反应，干燥而成，其主要成分为糖二酸钙。有强烈的缓凝作用，不引气，掺量为胶凝材料的0.1%～0.2%，如掺量太大，缓凝时间太长，影响三天前的强度，减水率为4%～8%。常作为缓凝成分配制缓凝高效减水剂。

除上述外，还有许多种减水剂，使用前应进行掺与不掺外加剂混凝土的对比试验，要有具检验资格单位的检验证明及出厂检验单。

（二）早强剂

早强剂是能提高混凝土早期强度并对后期强度无显著影响的外加剂。其主要目的是用来增加水泥和水的反应初速度，促进早期强度的增长。常用的早强剂有硫酸钠、氯化钠、氯化钙、亚硝酸钠、三乙醇胺、三异丙醇胺等，可以与其他外加剂配制成复合早强剂，掺早强剂后对混凝土的质量影响不大，可使达到28d强度70%所需养护时间缩短到不掺时的一半。氯盐早强剂只能用于素混凝土，且以$CaCl_2$计，掺量不得超过3%。目前早强剂多数是用元明粉，其对钢筋无锈蚀作用，对掺有混合材料的水泥效果更好。

（三）引气剂

为提高混凝土的抗冻耐久性，常掺引气剂。常用的引气剂为松脂皂、松香热聚合物、非离子性引气剂（如OP等）。试验表明，非离子性引气剂所引入的气泡直径大，易破灭，性能比松脂皂及松香热聚合物差。引气剂掺量由混凝土要求的含气量控制，含气会降低混凝土的强度，每1%的含气量降低强度4%～5%，可减水1.0%～1.3%。

（四）速凝剂

在喷射混凝土中需掺速凝剂。速凝剂有两类：一类为粉状物，主要成分是铝氧烧结块及碳酸钙；另一类为液体状，其所用喷射设备不同于粉状速凝剂。从环保、对人体健康及降低回弹率而言，以用液体速凝剂为好。

（五）膨胀剂

为提高混凝土的抗裂性及抗渗性，补偿混凝土的温降及干燥收缩，常在混凝土中掺膨胀剂。常用的膨胀剂有能形成硫铝酸钙（钙矾石）的膨胀剂，如明矾石膨胀剂、高铝酸钙类膨胀剂，还有过烧氧化钙、氧化铁等。此类膨胀剂反应速度快，搅拌后在3～5d即达膨胀高峰，对补偿混凝土5d以后的收缩作用不大，特别是对补偿大体积混凝土降温期收缩作用不大。另一类为延迟性膨胀剂（如轻烧氧化镁），早期膨胀小，膨胀主要发生在7～180d，正值大体积混凝土温降收缩期间，可有效地提高混凝土的抗裂性能。为控制膨胀量，规定应不大于5%，如掺有粉煤灰30%以上可放宽到6%。有的厂家生产复合型膨胀剂，如以过烧氧化钙或高铝酸钙膨胀剂与轻烧MgO复合，即可满足早期膨胀大且后期又有一定膨胀量的要求。

第三节　常态混凝土配合比的选择与质量管理

一、混凝土配合比试验要求

现场配合比的试验是由工地试验室进行，其要求是采用现场实际使用的水泥、砂石骨料、掺合料、外加剂等原材料进行混凝土试验，确定能满足设计所要求的混凝土各项性能，满足现场施工所要求的混凝土和易性，及工程成本较低的混凝土配合比。由于混凝土试验数据是个随机变量，为准确起见，应进行重复性试验。

混凝土配合比设计的基本原理是建立在混凝土和混凝土拌合物的性能变化规律的基础上。它有六个基本变量：水泥、掺合料、用水量、砂子、石子、外加剂。配合比设计就是要确定这六个基本变量。

水灰比（用水量与水泥加掺合料之比）、用水量、砂率是混凝土配合比设计中的三个重要参数，其中水灰比对混凝土强度、抗冻、抗渗等性质起着决定性作用。

二、混凝土配合比的选择

配合比设计有绝对体积法及假设容重法两种。多数采用绝对体积法。

（一）确定水灰比

确定水灰比必须从混凝土强度和耐久性两方面同时考虑。

1.按强度要求确定水灰比

混凝土的试配强度应根据工程要求的强度和强度保证率及现场实际的施工管理水平确定。大体积混凝土要求的强度保证率为80%，拱坝为85%，梁、板、柱钢筋混凝土结构则为90%（按容许应力设计的结构）。

混凝土的水灰比应以骨料在饱和面干状态下的混凝土单位用水量对单位胶凝

材料用量的比值为准。单位胶凝材料用量为每立方米混凝土中水泥和掺合料质量的总和。

2.按耐久性确定水灰比

根据试配强度计算应选用的水灰比，应等于或小于混凝土耐久性要求规定的最大水灰比。

混凝土的抗冻耐久性与掺合料的掺量、混凝土含气量及水灰比有关，故水灰比的确定还应考虑抗冻标号。另外，为了有良好的和易性，对于大体积内部混凝土，其胶凝材料用量不宜低于140kg/m^3。

（二）确定用水量

混凝土配合比设计时，应力求采用最小单位用水量。为了降低用水量，应优先选用大粒径骨料，在大骨料粒径相同的条件下，应选用粗骨料面积系数较小的级配组合；应选用优良的高效减水剂并合理地确定掺量；应选用需水量比低的掺合料；合理地确定浇筑地点的坍落度。

混凝土用水量最终是由试拌确定。一般坍落度每增加1cm，用水量要增加1.5%左右。如保持水灰比及含气量不变，坍落度及用水量的变化不影响混凝土的强度。

（三）确定砂率

砂率是混凝土中砂子的绝对体积占砂石的总绝对体积的百分数，当砂、石比重相同时，也可视为两者的质量之比，可根据工程所用材料的使用经验及有关参考资料合理选择。碎石的砂率应比卵石的大2%～5%；水灰比每缩小0.05，砂率应减少1%，泵送混凝土的砂率应增加4%～5%；每增加1%的砂率，如保持坍落度不变，要增加用水量1.5kg；砂子细度模数每增减0.2，如保持坍落度及和易性不变，需增减砂率1%，用混合粒级粗骨料配制的混凝土，砂率应增加3%～5%。影响砂率的因素很多，砂率的最后确定需通过试拌，并经现场施工实际检验。如保持混凝土水灰比不变，变动砂率不会影响混凝土的强度。

（四）求得初步配合比

配合比有两种表示形式：

（1）以$1m^3$混凝土中各种材料的用量（kg）表示。

（2）以混凝土中砂、石用量对胶凝材料的质量比例和水灰比表示。

（五）试拌和调整

初步配合比确定后，取现场的材料试拌，检测坍落度、和易性、含气量（如加了引气剂或引气性减水剂）、成型检验抗压及其他物理力学性能，具体项目有：①和易性调整：主要是调整用水量、砂率、外加剂等；②水灰比调整：试拌时可采用三个不同水灰比，可比初选的水灰比增大及缩小0.03～0.05，检验其抗压等性能；③密度的测定：试拌时实测混凝土密度，将实测密度除以计算的理论密度所得之值，再分别乘各项材料的$1m^3$用量，即为最终定出的配合比设计值。

（六）施工配合比的确定

试验室是以饱和面干的材料为准，而现场实际上砂、石等材料含有一定的水分，应随时根据现场堆存的砂、石等材料的含水率及外加剂的含水率，调整各种材料的称量，以换算成施工配合比。

配合比设计的另一种方法——假定容重法。这种方法是先假定一个混凝土拌合物的密度值，再根据各材料间的质量关系计算各材料的用量，之后试拌实测混凝土密度，求得实测密度与假定密度的比值，调整各材料的$1m^3$的用量。①假定混凝土的计算密度：一般是根据本单位累积的试验资料，并参考有关资料确定；②根据经验公式计算水灰比；③确定用水量；④确定掺合料掺量百分率，计算水泥及掺合料用量；⑤确定砂率及石子级配；⑥计算砂、石用量；⑦试拌和调整。其各项步骤与绝对体积法基本相同。

三、混凝土的拌和、运输、浇筑与养护

（一）混凝土的拌和

拌制混凝土时，必须严格遵守试验室签发的混凝土配料单，严禁擅自更改。水泥、掺合料、砂、石均应以质量计，水及外加剂溶液也可按质量折算成体积。

在混凝土拌和过程中，应定时测定砂、石骨料的含水率，在降雨情况下，应增加测定次数，及时调整混凝土的加水量。施工中应保持砂、石料含水率稳定，砂子含水率应控制在6%以内。外加剂应化制成溶液使用，并应抽查其浓度。外加剂中的水量应包括在拌和用水量之内。

必须将混凝土各组分拌和均匀。拌和下料程序和拌和时间应通过试验决定。

拌和混凝土时，应检查拌和物的均匀性、拌和时间、衡器的准确性、搅拌机的磨损情况。出机后尚未凝固的混凝土拌合物的性质主要为和易性、流动性（坍落度）、可塑性、稳定性、易密性等。混凝土拌合物应满足要求的坍落度，不易分离，黏聚性好，泌水很少，易于振捣密实。

（二）混凝土的运输

（1）所选用的运输设备应使混凝土在运输过程中不致发生分离、漏浆、严重泌水及过多的降低坍落度等现象。如同时运输两种以上标号的混凝土时，应在运输设备上设置标志，以免混淆。在运输过程中，应尽量缩短运输时间及减少转运次数。当气温为5℃～10℃时，运输时间不宜超过90min；气温为10℃～20℃时，不宜超过60min；气温为20℃～30℃时，不宜超过45min。当混凝土在运输中因故停歇过久产生初凝时，应作废料处理。任何情况下，严禁出机后中途加水以增大坍落度。

（2）为避免混凝土拌合物因日晒、雨淋、受冻而影响混凝土的质量，混凝土的运输工具及浇筑地点必要时应有遮盖或保温设施。对于大体积水工混凝土，应优先采用吊罐直接入仓的运输方式。仓内混凝土自由下落高度不宜大于1.5m，超过1.5m时，应采取措施，以免骨料分离或下落时被击碎。

（3）用各类皮带机、布料机（包括塔带机、顶带机、胎带机等）运输混凝土时，应严格控制砂浆损失，并适当增加砂率。当骨料粒径大于80mm时，应做适应性试验。皮带机卸料处应设置挡板、卸料导管和刮板，应及时冲洗皮带上所黏附的砂浆，并不得流入仓内。

（4）采用混凝土搅拌车作为水平运输的方法目前较普遍，可以有效地防止骨料分离、砂浆流失及风吹日晒等现象，装料前，应将拌筒内的积水倒净。如运送中坍落度损失过大，不得往拌筒内加水，只宜加少量配制浓度很大的高效减水剂溶液。运输途中，拌筒应保持3～6r/min的慢速转动。在卸料前，应中速或高速旋转拌筒，使混凝土拌和均匀。中断卸料，应保持拌筒低转速搅拌混凝土。

（5）当用卡车运输混凝土时，应保持道路平整，以免混凝土运输时受振而严重泌水，车箱应严密平滑，防止砂浆流失。卸料要干净，及时清洗车箱，防止混凝土黏附，如汽车直接入仓，应冲洗轮胎，并不得在仓内急转弯，以确保混凝土质量。

（6）在隧洞衬砌等部位多数采用泵送混凝土，泵送混凝土应掺用缓凝高效减水剂，进泵坍落度宜为8～14cm。最大骨料粒径应不大于导管管径的1/3，并不得有超径骨料入泵，以防堵管。安装导管前，应彻底清除洗净管内污物及水泥砂浆，泵送开始时，应先泵砂浆润湿管壁，运行中要防止漏浆。应保持泵送混凝土工作的连续性，如因故中断，应经常使混凝土泵转动，以免堵管。如间歇时间过长，管内混凝土失去流动性，应将管内混凝土排出，并加以清洗，泵送混凝土工作完成后，应及时用压力水将导管冲洗干净，以备下次再用。

（7）用串筒、溜管、溜槽、负压（真空）溜槽运输混凝土时，应遵守下列规定：①内壁应光滑，浇筑前应用砂浆润滑内壁，如用水润滑，应将水排出仓面；②溜筒（管、槽）必须平直，每节之间应连接牢固，不得脱落；③首部供料宜采用混凝土搅拌车、混凝土泵，如用自卸汽车供料时，应设承料斗，并保证混凝土不分离；④如遇下料不畅，严禁向溜筒（管、槽）内加水；⑤如因故造成长时间停歇或堵塞，处理后应及时清洗，清洗水不得流入仓面。

（三）混凝土浇筑

（1）建筑物地基必须检验合格后，方可进行混凝土浇筑准备工作。浇筑前应详细检查有关准备工作，如地基处理情况，模板、钢筋、预埋件及止水设施是否符合设计要求等，并应做好记录。

（2）地基表面及老混凝土上的迎水面浇筑仓，在浇筑前必须先铺一层2～3cm的水泥砂浆，砂浆的水灰比应比混凝土减少0.03～0.05。一次铺设的砂浆面积应与混凝土浇筑强度相适应。

（3）混凝土的浇筑应按一定厚度、次序、方向，分层进行，均匀上升。浇筑层的厚度应与混凝土的搅拌能力、气温、运输能力及振捣器的有效工作长度相适应，不允许漏振。

（4）混凝土入仓后应及时平仓，不得堆积，如仓内粗骨料分离堆积，应均匀地把粗骨料人工分布于砂浆较多处。在斜面上浇混凝土，应从低处开始浇筑，保持仓面水平。

（5）严禁向仓内加水，如混凝土和易性较差，应加强振捣或补部分小级配混凝土。不合格的混凝土严禁入仓，已入仓的不合格混凝土必须清除。

（6）混凝土应连续浇筑，层面间歇时间不得超过重塑时间，能重塑的标准为用振捣器振捣30s。对于周围10cm内能泛浆且不留孔洞者，使用缓凝高效减水剂，这对延长混凝土重塑时间非常有利，但过长的层面暴露往往会在混凝土表面产生厚2～5cm的脱水硬壳，而下层混凝土尚处于塑性状态，这对层面结合仍不利。在炎热、干燥的气候条件下，应辅以仓面喷雾及覆盖保湿。

（7）混凝土层面停歇时间如超过重塑时间，应作工作缝处理。工作缝层面混凝土在强度未达到2.5MPa前，不得进行上一层混凝土浇筑的准备工作。工作缝混凝土表面应用压力水、风砂枪、刷毛机打毛，冲洗干净，排除积水，铺2～3cm接缝砂浆，方可浇筑上层混凝土。

（8）仓内如有泌水，应采取措施减少，并及时排除。

（9）振捣的间距应不超过振捣器有效半径的1.5倍。振捣上层混凝土时，应将振捣器插入下层混凝土5cm左右，以加强层面结合。振捣器距模板的垂直距离不应小于振捣器有效半径的1/2，并不得触动钢筋及预埋件。

（10）仓面混凝土的振捣应注意不得漏振，也不宜过振，以免骨料分离，浆体上浮。

（四）混凝土的养护

混凝土在塑性状态期间，由于水分蒸发产生脱水收缩而引起裂缝，此种裂缝称为早期干燥裂缝，即早期干裂。此类裂缝常发生在混凝土表面水分蒸发速度超过泌水速度而又未及早覆盖保湿的情况下，所以混凝土应尽量保湿养护。一般情况下，长期暴露的表面宜养护28d，如气候特别干燥应养护28d以上。在低温季节浇筑的混凝土要做到保温保湿养护，可采用蓄热法或综合蓄热法。

第四节　碾压混凝土配合比的选择与质量管理

一、碾压混凝土配合比设计的原则

碾压混凝土与常态混凝土的基本性能没有本质的区别，主要差别是拌和物的流动性不同，碾压混凝土属超干硬性混凝土；振捣方法及机具不同；碾压混凝土大坝的分缝长度为便于振动碾压施工，常为常态混凝土大坝的2～4倍；为降低水化热温升，简化温控措施，碾压混凝土大量掺用粉煤灰，有的达到了50%～65%。碾压混凝土配合比设计的原则如下：

（1）必须满足设计要求的各项性能指标，首先是强度要求。在原材料确定的条件下，水灰比是决定性的因素。与常态混凝土一样，混凝土抗压强度与灰水比（水灰比的倒数）成直线相关，抗拉强度与抗压强度又有良好的相关性，极限拉伸与抗拉强度也有良好的相关性，且与骨料的弹模及灰浆率有关，骨料的弹模小及灰浆率高，混凝土的极限拉伸大。其次要满足耐久性要求，如抗渗及抗冻要求。混凝土的抗渗性能取决于水灰比及龄期，水灰比小于0.55时，满足28d达到抗渗强度W8的要求，随着龄期的增长，混凝土的抗渗标号大幅增长。因为水灰比小及长龄期的混凝土，混凝土中的自由水分及毛细管大幅减少，而毛细管发育状况是影响混凝土抗渗性能的决定性因素。混凝土的抗冻性主要取决于含气量，如含气量为4.5%～5.5%，混凝土抗冻性大为改善。另外，抗冻标号与粉煤灰掺量有关，高抗冻标号的混凝土，粉煤灰掺量宜控制在40%以内。再则，水灰比大，抗冻标号下降；水灰比小，抗冻标号提高。

（2）必须满足施工工艺的要求。碾压混凝土的和易性指的是可碾性及抗分离性，可碾性取决于混凝土的VC值（混凝土的抗压强度与混凝土材料密度的比值），即振实所耗时间（s），目前我国控制出机VC值多为5～15s，仓内宜为10s左右。为提高抗分离性，在上游面2～6m范围可用最大骨料粒径为40mm的混凝土；内部及下游面可用三级配混凝土，最大骨料粒径为80mm，并应当加大砂率，保持较富的胶凝材料。人工砂中石粉含量以达到12%～17%为好，也可以在天然砂中掺用部分非活性掺合料。

（3）有较好的抗裂性。为提高混凝土的抗裂性，应优先选用热膨胀系数较小的骨料，如用灰岩骨料，其混凝土的热膨胀系数只有（5.0～5.5）$\times 10^{-6}$/℃，含石英少的其他骨料混凝土的热膨胀系数也较小。尽可能地降低混凝土的绝热温升，如选用中热水泥，适当提高优质粉煤灰的掺量，选用高效减水剂，以降低用水量及胶凝材料总量等。

（4）有良好的层面结合性能。因为碾压混凝土坝仓面大，层面间歇时间长，加之上下层为"硬碰硬"接触，振捣时又不能做到上下层振动搅和，易成为渗水通道。要改善层面结合，在配合比设计上应适当提高胶凝材料用量，根据经验以不低于 150kg/m^3 为好。还应选用强缓凝性的减水剂，延长混凝土的初凝时间。

（5）尽可能地降低工程成本。可采取措施降低用水量及水泥用量，选用价格性能比低廉的各种原材料等。

二、碾压混凝土配合比选择

碾压混凝土配合比的设计方法与常态混凝土一样，有绝对体积法及重量法两种，一般多采用绝对体积法。配合比设计参数选定如下：

（1）掺合料掺量。掺合料的掺量应综合考虑水泥、掺合料和砂子品质等因素，并通过试验确定，宜取30%～65%（掺合料掺量中应包括水泥中已掺的混合材数量），掺量超过65%时，应做专门试验论证。

（2）水灰比。应根据设计提出的混凝土强度和耐久性要求确定水灰比，其值宜小于0.7。

（3）砂率。应通过试验选取最佳砂率值。使用天然砂石料时，三级配碾压混凝土砂率宜为28%～32%，二级配宜为32%～37%；使用人工砂石料时，砂率应增加3%～6%。

（4）单位用水量。单位用水量可根据施工要求的工作度（VC值）骨料的种类及最大粒径、砂率及减水剂等选定。三级配碾压混凝土的单位用水量宜为80～115kg/m^3，二级配碾压混凝土的单位用水量宜为90～125kg/m^3。根据施工经验，仓内碾压混凝土的比值以5～10s为宜。

在室内配合比经试验选定后，施工前应通过现场碾压试验，验证碾压混凝土配合比的适应性，并确定其施工工艺参数。

三、碾压混凝土的拌和、运输、浇筑与养护

（一）铺筑前的准备

在主体工程碾压混凝土铺筑前，应对砂石料生产系统，混凝土制备系统，运输、浇筑机具的数量、工况以及施工措施等进行检查，确定符合有关技术文件要求后，方能开始施工。碾压混凝土铺筑前，基岩面上应先浇筑一定厚度的常态混凝土。

铺筑碾压混凝土宜采用悬臂模板、混凝土预制模板、自升式模板或其他便于碾压施工作业的模板。采用悬臂模板时，应设置专用锚杆；采用混凝土预制模板并作为坝体的一部分时，应保证模板搭接部分及模板与内部碾压混凝土之间的紧密连接。

（二）碾压混凝土拌和

拌制碾压混凝土宜选用强制式或自落式搅拌设备。拌和前应对搅拌设备的称量装置进行检查，确认达到要求的精度后，方能投入使用。碾压混凝土应搅拌均匀，其投料顺序和搅拌时间由现场试验确定。碾压混凝土的搅拌时间应比常态混凝土延长。拌和楼应有快速测定细骨料含水率的装置，并有相应的加水量补偿措施。拌和楼的卸料口与运输工具之间的落差不宜大于2m。

（三）碾压混凝土的运输

运输碾压混凝土宜采用混凝土搅拌车、自卸卡车、皮带输送机、坝头斜坡车道等机具，不得采用溜槽作为直接运输碾压混凝土的机具。运输机具在使用前应进行全面检查和清洗。

采用搅拌车运输混凝土时，运输途中，拌筒应保持3～6r/min的慢速转动。在卸料前，应中速或高速旋转拌筒。中断卸料应保持低转速搅拌混凝土。采用自卸卡车运输混凝土时，车辆行走的道路必须平整；自卸卡车入仓前应将轮胎清洗干净，并防止将泥土、水带入仓内；在仓面行驶的车辆应避免急刹车、急转弯等有损混凝土质量的操作。采用皮带输送机运输混凝土时，应有防水分蒸发、水泥

浆损失及粗骨料分离的设施。采用吊罐运输混凝土时，应有防分离措施。

（四）碾压混凝土的浇筑

（1）碾压混凝土宜采用大仓面薄层连续或间歇铺筑，其厚度可由混凝土的拌制及铺筑能力、温度控制要求、坝体分块尺寸和细部结构等因素确定。

（2）采用自卸卡车直接进仓卸料时，宜采用退铺法依次多点卸料，平仓方向宜与坝轴线平行。卸料堆旁出现的分离骨料应由人工或用其他机械将其均匀地摊铺到未碾压的混凝土面上。采用吊罐入仓时，卸料高度不宜大于1.5m。严禁不合格的碾压混凝土进仓；已进仓的应处理，合格后方能继续铺筑。

（3）碾压混凝土的平仓厚度宜控制在17～34cm范围内，平仓过的混凝土表面应平整、无凹坑，且不允许向下游倾斜。振动碾机型的选择，应考虑碾压效率、起振力、滚筒尺寸、振捣频率、振幅、行走速度、维护要求和运行的可靠性。在建筑物的周边部位，可采用小型振动碾或振动夯板等压实，其允许压实厚度应经试验确定。振动碾的行走速度应控制在1.0～1.5km/h范围内。碾压厚度应不小于最大骨料粒径的3倍，一般为30cm。施工中采用的碾压厚度及碾压遍数应与混凝土现场碾压试验成果和铺筑的综合生产能力等因素一并考虑。

（4）坝体迎水面3m范围内，碾压方向应垂直于水流方向，其余部位也宜为垂直水流方向。碾压作业宜采用搭接法，碾压条带间的搭接宽度为10～20cm，端头部位的搭接宽度宜为100cm左右。每层碾压作业结束后，应及时按网格布点检测混凝土的压实密度。所测密度低于规定指标时，应立即重复检测，并查找原因，采取处理措施。连续上升铺筑的碾压混凝土，层间允许间隔时间（系指下层混凝土拌合物拌和加水时起到上层混凝土碾压完毕为止），应控制在混凝土初凝时间以内，且混凝土拌合物从拌和到碾压完毕的历时应不超过2h。

（5）碾压混凝土坝一般不设纵缝。横缝可采用切缝机切割、设置诱导孔或隔板等方法形成。切缝机切割宜“先切后碾”。成缝面积每层应不少于设计缝面的60%，填缝材料可用厚0.2～0.5mm的金属片或其他材料。设置诱导孔宜在碾压后立即进行或在层间间歇期内完成。成孔后，孔内应及时用干燥砂子填塞。设置隔板时，相邻隔板间距不得大于10cm，隔板高度应比压实厚度低2.3cm。施工缝及冷缝必须进行层面处理，处理合格后方能继续浇筑。层面处理可用刷毛、冲毛等方法清除混凝土表面浮浆及松动骨料（以露出砂粒、小石为准）。处理合格后，先均匀铺以1.0～1.5cm厚的比混凝土高一个等级的砂浆层，然后摊铺混凝土，并应在砂浆初凝前碾压完毕。冲毛、刷毛时间根据季节，经试验确定。

（6）因故造成施工中断，应及时对已摊铺的混凝土进行碾压；停止铺筑处的混凝土面宜碾压成不大于1：4的斜坡面。靠岸坡面的常态混凝土垫层应与主体碾压混凝土同步进行浇筑。常态混凝土与碾压混凝土的结合部位，两种混凝土应交叉浇筑，并应在两种混凝土初凝前振捣、碾压完毕。

（7）每天降雨量超过3mm时，不得进行铺筑与碾压施工。日平均气温高于25℃时，应采取防高温和防日晒施工措施；日平均气温低于3℃时，应采取保温施工措施。

（五）碾压混凝土养生和防护

施工过程中，碾压混凝土仓面应保持湿润。可采用喷雾形成局部小气候，但不得有水珠落入正在施工中的仓面混凝土中。必要时，碾压仓面可覆盖湿麻袋保湿。正在施工和刚碾压完毕的仓面，应防止外来水流入。施工间歇期，碾压混凝土终凝后即应开始养护工作。对于水平施工层面，养护工作应持续至上层碾压混凝土开始铺筑为止；对于永久暴露面，宜养护28d以上。

第五节　混凝土质量管理与评定

一、原材料的检测与控制

混凝土原材料品质检验包括原材料进场验收检验与原材料质量控制检验两部分。

（一）原材料进场验收检验

1.水泥

根据《水工混凝土施工规范》（DL/T 5144—2015）的规定，进场的每一批水泥都应有生产厂家的出厂合格证与水泥品质检验报告单，使用单位应进行验收检验。按每200～400t同厂家、同品种、同强度等级的水泥为一取样单位，如不足200t也作为一取样单位，必要时应进行复检。取样应有代表性，可以连续取，也可以从20个以上不同部位取等量样品混合，总量不少于12kg。

水泥进场验收检验项目有抗压强度、抗折强度、细度、安定性、凝结时间、标准稠度需水量等。

2.掺合料

根据《水工混凝土施工规范》（DL/T 5144—2015）的规定，掺合料每批产品出厂时应有产品合格证与品质检验报告，使用单位对进场掺合料应进行验收检验，粉煤灰等掺合料以连续供应200t为一批（不足200t按一批计），硅粉以连续供应20t为一批（不足20t按一批计）。

粉煤灰进场验收检验项目有细度、需水量比、烧失量、SO_2含量、密度。硅粉进场验收检验项目有比表面积、烧失量、SiO_2含量、活性指数、含水率等。

3.外加剂

外加剂每批产品应有出厂合格证与品质检验报告。

外加剂品种较多，对于不同品种外加剂，取样频率与取样数量是不同的。不同外加剂的取样频率、取样数量与检验项目分述如下：

（1）减水剂、引气剂、早强剂、缓凝剂。根据《混凝土外加剂》（GB 8076—2008）产品标准规定，生产厂家应根据产量与生产设备条件，将产品分批编号，掺量不小于1%同品种的外加剂每一编号为100t，不足100t的也按一个批量计；掺量小于1%的外加剂每一编号为50t，不足50t的也按一个批量计。每一批号取样量不少于200kg水泥所需的外加剂量。

试样分点样和混合样两种。点样是在一次生产的产品中所取得的试样，而混合样是3个或更多的等量点样经均匀混合而得的试样。每一个编号取得的试样应充分混匀，分为两等份：一份按标准规定项目进行检测，另一份密封保存半年，以备有疑问时提交国家认定的检验机关进行复检或仲裁。

以上外加剂的验收检验项目如下：

普通减水剂、高效减水剂、高性能减水剂的验收检验项目有减水率、pH值、密度（或细度）。

引气剂、引气减水剂的验收检验项目有含气量、pH值、密度（或细度）、引气减水剂增测减水率。

缓凝剂、缓凝减水剂、缓凝高效减水剂的验收检验项目有混凝土凝结时间、pH值、密度（或细度）、缓凝减水剂与缓凝高效减水剂增测减水率。

早强剂、早强减水剂的验收检验项目有1d与3d混凝土抗压强度、密度（或细度）、钢筋锈蚀试验。

（2）泵送剂。对于年产不小于500t的产品，每一批号为50t，不足50t的也按一个批量计；对于年产小于500t的产品，每一批号为30t，不足30t的也按一个批量计。每一批号取样量不小于200kg水泥所需要的外加剂量。泵送剂验收检验项目有混凝土坍落度增加值与保留值、pH值、密度（或细度）。

（3）速凝剂。根据《喷射混凝土用速凝剂》（GB/T 35159—2017）的规定，将速凝剂按20t为一批，不足20t的，也按一个批量计。每一批应于16个不同点取样，每个点取样250g，共取4kg。

速凝剂验收检验项目有凝结时间、1d抗压强度、28d抗压强度比等。

（4）膨胀剂。根据《混凝土膨胀剂》（GB/T 23439—2017）产品标准的规定，将混凝土膨胀剂按200t为一批，不足200t的也按一个批量计，每一批抽样量不少于10kg。

混凝土膨胀剂验收检验项目有细度、凝结时间、水中7d限制膨胀率、强度等。

（5）混凝土防冻剂。根据《混凝土防冻剂》（JC 475—2004）产品标准的规定，同一品种的防冻剂每50t为一批，不足50t的也按一个批量计，每一批号取样量不少于150kg水泥所需用防冻剂量（以其最大掺量计）。

混凝土防冻剂验收检验项目有7d与28d抗压强度比、钢筋锈蚀试验等。

4.骨料

根据《水工混凝土施工规范》（DL/T 5144—2015）的规定，细骨料应按同料源每600～1200t为一批，粗骨料应按同料源、同规格碎石每2000t为一批、卵石每1000t为一批。细骨料验收检验项目有细度模数、石粉含量（人工砂）、含泥量、泥块含量和含水率；粗骨料验收检验项目有超径、逊径、针片状含量、含泥量、泥块含量和小石中径筛筛余量等。

（二）原材料质量控制检验

在混凝土生产过程中，在拌和楼（站）对混凝土原材料需进行质量控制检验。

《水工混凝土施工规范》（DL/T 5144—2015）对原材料质量控制有以下规定：

（1）在混凝土生产过程中，必要时，在拌和楼（站）抽样检验水泥强度、凝结时间和掺合料的主要品质。

（2）对于拌和用水，在水源改变或对水质有怀疑时应随时进行检验。

（3）对于配制外加剂溶液的浓度，每天应检测1～2次。

（4）砂子与小石的含水量每4h检测1次，雨雪后等特殊情况应加密检测。

（5）砂子细度模数、人工砂石粉含量及天然砂含泥量等每天检测1次。

（6）粗骨料超径、逊径、含泥量每8h应检测1次。

（7）每月应在拌和楼（站）取砂石骨料进行全面性能检测1次。

二、混凝土拌合物的检测与控制

（一）混凝土拌合质量控制与检验

《水工混凝土施工规范》（DL/T 5144—2015）的规定如下：

（1）混凝土拌和楼（站）的计量器具应定期（每月不少于1次）校验校正，在必要时随时抽验。每班称量前应对称量设备进行零点校验。

（2）在混凝土拌和生产中，应对各种原材料的配料称量进行检验，每8h不应少于2次。水泥、掺合料、外加剂溶液、水、冰等的称量允许偏差均为±1%，砂石骨料的称量允许偏差为±2%。

（3）在混凝土拌合生产中，应定期对混凝土拌和物的均匀性、拌合时间进行检验，如发现问题应立即处理。混凝土拌合均匀性检验方法按《水工混凝土试验规程》（SL/T 352—2020）进行，并由混凝土均匀性试验结果决定最佳拌合时间。

（4）混凝土拌合时间，每4h应检测1次。

（二）混凝土拌合物质量控制与检验

《水工混凝土施工规范》（DL/T 5144—2015）对混凝土拌合物质量控制与检验规定如下：

（1）混凝土坍落度每4h应检测1～2次，其允许偏差：坍落度不大于40mm的允许偏差为±10mm，坍落度40～100mm的允许偏差为±20mm，坍落度大于100mm的允许偏差为±30mm。

（2）对于引气混凝土含气量，每4h应检测1次。含气量允许偏差为±1.0%。

（3）对于混凝土拌合温度、气温和原材料温度，每4h应检测1次。

三、混凝土现场结构质量检测

（一）结构混凝土无损检测

结构混凝土无损检测技术工程应用的主要内容包括以下几个方面：

1.结构混凝土的强度检测

直接在结构物上运用无损检测方法推定混凝土实有强度，其目的是了解混凝土强度发展情况以便决定拆模、预应力筋张拉时间，作为结构混凝土外部缺陷处理的依据，以及进行结构混凝土使用安全度评估。

2.结构混凝土内部缺陷的检测

其内部缺陷检测包括蜂窝、狗洞检测，裂缝深度检测，结构混凝土受环境侵蚀损伤厚度和范围检测。

3.结构混凝土中钢筋锈蚀检测

钢筋锈蚀检测包括钢筋位置和保护层厚度、钢筋锈蚀程度。

4.掌握混凝土无损检测方法的关注点

（1）检测的质量指标，如混凝土抗压强度。

（2）检测的物理量及其理论依据，如回弹值、声波速度等。

（3）检测的物理量与质量指标的相关性，如混凝土强度与回弹值的相关关系、混凝土强度与声波速度的相关关系。这种相关关系是经验性的、规范性的、工程自建的。

（4）掌握检测仪器设备的工作原理和技术性能。

（5）检测方法的规定具体包括以下几个方面：

①检测面混凝土的状况及要求。

②测点布局。测面包括单面、一对对应面、两对对应面、测孔。测区包括数量、面积。测点包括单面点数、双面点数。

③测值取得方法。

④测值的修正。

⑤数据处理及提交结果。

⑥质量指标推定值及检验结论。

（二）结构混凝土抗压强度原位检测

原位试验的共同特点为不直接测量抗压强度，而是测量与抗压强度有相关关系的某些特性。这些方法可用来推测抗压强度或比较在此结构中不同位置的抗压强度。

当利用原位试验来推测结构的抗压强度时，先在欲测试部位的临近区域钻芯取样，测定芯样强度；然后建立原位试验结果与该抗压强度的相关关系。为获得抗压强度的典型样本，应当尝试从结构的不同部位取得成对数据（取芯强度和原位试验结果）。通过对相关数据的回归分析可形成一个关于强度评估精确度的预测方程。对于指定的试验方法，混凝土的组成在不同程度上影响强度关系。为了准确评估混凝土的强度，不得使用由试验设备提供或通过其他混凝土结构建立的相关曲线。因此，原位试验可以减少试件使用的数量，却无法消除对建筑物进行钻孔的需求。

当原位试验仅是用来比较在结构不同部位混凝土的相对强度时，就不必建立强度相关性。

目前，用于混凝土强度现场检测常用的方法有回弹法、超声波法、超声回弹综合法、钻芯法等。

1.回弹法

（1）原理及适用范围。回弹法是通过混凝土表面硬度与抗压强度之间的关系来测定混凝土抗压强度值的一种方法。

回弹法主要用于已建和新建结构的混凝土强度检测，该方法因其操作简便、测试快速、对结构无损伤、检测费用低等优点，在结构混凝土强度无损检测中广泛使用。

回弹值反映混凝土的表面特性，但不能代表混凝土内部的性质。表面混凝土的碳化和劣化会导致回弹性无法代表内部混凝土的特性。随着混凝土含水量的减少，回弹值增大，并且在干燥表面测得试验结果并不能反映内部潮湿的混凝土强度。此外，试验仪器方向（侧向、向上、向下）也会影响回弹值。当比较读数和利用相关数据表时，所有这些都应考虑。

（2）回弹仪的技术要求：

①测定回弹值的仪器宜采用示值系统为指针直读式的混凝土回弹仪。

②回弹仪必须有制造厂的产品合格证及检定单位的检定合格证。

③回弹仪应符合下列标准状态的要求：

A.水平弹击时，弹击锤脱钩的瞬间，回弹仪的标准能量应为2.207J。

B.弹击锤与弹击杆碰撞的瞬间，弹击拉簧应处于自由状态，此时弹击锤起跳点应相应于指针指示刻度尺上“0”处。

C.在洛氏硬度HRC为60±2的钢砧上，回弹仪的率定值为80±2。

回弹仪在工程检测前后，应在钢砧上做率定试验，并应符合要求。

④回弹仪使用时的环境温度应为-4℃～40℃。

（3）检测方法：

①一般规定：

A.结构或构件混凝土强度检测宜具有下列资料：

a.工程名称及设计、施工、监理和建设单位名称。

b.结构或构件名称、外形尺寸、数量及混凝土强度等级。

c.水泥品种、强度等级，砂、石料种类、粒径，外加剂或掺合料品种、掺量，混凝土配合比等。

d.施工时的材料计量情况，模板、浇筑、养护情况及浇筑日期等。

e.必要的设计图纸和施工记录。

f.检测原因。

B.结构或构件混凝土强度检测可采用下列两种方式，其适用范围及结构或构件数量应符合下列规定：

a.单个检测。适用于单个结构或构件的检测。

b.批量检测。适用于在相同的生产工艺条件下，混凝土强度等级相同，原材料、配合比、成型工艺、养护条件基本一致且龄期相近的同类结构或构件。按批进行检测的构件，抽检数量不得少于同批构件总数的30%，且构件数量不得少于10件。抽检构件时，应随机抽样并使所选的构件具有代表性。

C.每一结构或构件的测区应符合下列规定：

a.每一结构或构件测区数不应少于10个。对于某一方向尺寸小于4.5m且另一方向尺寸小于0.3m的构件，其测区可适当减少，但不应少于5个。

b.相邻两测区的间距应控制在2m以内，测区离构件端部或施工缝边缘的距离不宜大于0.5m，且不宜小于0.2m。

c.测区应选在使回弹仪处于水平方向检测混凝土浇筑侧面。当不能满足这一要求时，可使回弹仪处于非水平方向检测混凝土浇筑侧面、表面或底面。

d.测区宜选在构件的两个对称可测面上，也可选在一个可测面上，且应均匀分布。在构件的重要部位及薄弱部位必须布置测区，并应避开预埋件。

e.测区的面积不宜大于0.04m^2（20cm × 20cm）。

f.检测面应为混凝土表面，并应清洁、平整，不应有疏松层、浮浆、油垢、涂层以及蜂窝、麻面，必要时可用砂轮清除疏松层和杂物，且不应有残留的粉末或碎屑。

g.结构或构件应有清晰的编号，必要时应在记录纸上描述测区布置示意图和外观质量情况。

②回弹值测量：

a.检测时，回弹仪的轴线应始终垂直于结构或构件的混凝土检测面，缓慢施压，准确读数，快速复位。

b.测点宜在测区范围内均匀分布，相邻两测点的净距不宜小于20mm；测点距外露钢筋、预埋件的距离不宜小于30mm。测点不应有气孔或在外露石子上，同一测点应只弹击一次。每一测区应测取16个回弹值，每一测点的回弹值读数估读至1。

③碳化深度值测量：

第一，回弹值测量完毕后，应在有代表性的位置上测量碳化深度值，测点不应少于构件测区数的30%，取其平均值为该构件每测区的碳化深度值。当碳化深度值极差大于2.0mm时，应在每测区测量碳化深度值。

第二，碳化深度值测量应注意以下几个方面：

a.当测试完毕后，一般可用电动冲击钻在回弹值的测区内钻一个直径为20mm、深70mm的孔洞，测量混凝土碳化深度。

b.测量混凝土碳化深度时，应将孔洞内的混凝土粉末清除干净，用1.0%酚酞乙醇溶液（含20%的蒸馏水）滴在孔洞内壁的边缘处，再用钢尺测量混凝土碳化深度值（不变色区的深度），读数精度为0.5mm。

c.测量的碳化深度小于0.4mm时，则按无碳化处理。

2.超声法检测混凝土抗压强度和均匀性

（1）原理及适用范围。现场实测超声波在混凝土中的传播速度。因为超声波波速与混凝土材料弹性模量有关，所以波速与混凝土强度有良好的相关关系，由实测波速推求抗压强度关系。检测前，首先要建立波速与混凝土抗压强度的关系式。根据各测点强度的离散性还可以评价建筑物混凝土的均匀性。

本方法不适用于抗压强度在45MPa以上或在超声波传播方向上钢筋布置太密的混凝土。

（2）仪器设备：

①非金属超声检测仪。仪器最小分度为0.1μs，当传播路径在100mm以上时，传播时间（简称声时）的测量误差不应超过1%。

②换能器。对于路径短的测量（如试件），宜用频率较高的换能器（50~100kHz）；对于路径较长的测量，宜用50kHz以下的换能器。

③耦合介质。可用黄油、浓机油。

（3）检测步骤：

①超声波检测仪零读数的校正。仪器零读数指的是当发、收换能器之间仅有耦合介质的薄膜时，仪器的时间读数。对于具有零校正回路的仪器，应按照仪器使用说明书，用仪器所附的标准棒在测量前校正好零读数，然后测量（此时仪器的读数已扣除零读数）。对于无零校正回路的仪器应事先求得零读数值，从每次仪器读数中扣除零读数值。

②建立强度–波速关系：

a.试件制作。试件数量：三个为一组，不少于10组。试件尺寸：一般为150mm×150mm×150mm，当骨料最大粒径超过40mm时，试件尺寸不小于200mm×200mm×200mm。试件的原材料、配合比、振捣方法、养护条件应与被测建筑物混凝土一致。

为了使同一批试件的强度、波速在较大范围内变化，可采用以下两种方法：如在检验建筑物混凝土强度时，可采用固定水泥、砂、石比例，使水灰比在一定范围内上下波动，在同一龄期测试；在了解混凝土硬化过程中强度的变化时，可采用固定混凝土的配合比和水灰比，在不同龄期进行测试。

b.试件的测试。超声波测试：在测点处涂上耦合剂，将换能器压紧在测点上，调整增益，使所有被测试件接收信号第一个半波的幅度降至相同的某一幅度，读取时间读数。每个试件以五点测值的算术平均值作为试件混凝土中超声传播时间的测量结果。尺寸测量：以不大于1mm的误差沿超声传播方向测量试件各边长，取平均值作为传播距离。

③现场测试。在建筑物相对的两面均匀地划出网格，网格的交点即为测点。相对两测点的距离即为超声波的传播路径长度L。此长度的测量误差应不超过1%。网格的大小，即测点疏密，视建筑物尺寸、质量优劣和要求的测量精度而定。网格边长一般为20～100cm。在测点处涂上耦合剂，将换能器压紧在相对的测点上。调整仪器增益，使接收信号第一个半波的幅度至某一幅度（与测试试件时同样大小），读取传播时间计算该点的波速时需要注意的是：被测体与换能器接触处应平整光滑，若混凝土表面粗糙不平而又无法避开时，应将表面铲磨平整，或用适当材料（熟石膏或水泥浆等）填平、抹光；在测量过程中应注意波形的变化和波速的大小，如发现异常波形和过低的波速时，应反复测量并检查测点的平整程度和耦合是否良好。

按比例绘制被测物体的图形及网格分布，将测得的波速标于图中的各测点处。在数值偏低的部位，可根据情况加密测点，再进行测试。

3.超声回弹综合法检测混凝土抗压强度

回弹法主要反映的是混凝土表面质量情况，而超声波可以探测到混凝土的内部质量，超声回弹综合法正是利用两种方法的各自优点，弥补单一方法的不足，以提高检测精度。

超声回弹综合法技术成熟、对结构无损伤，可反映混凝土内部质量情况，适合于有相对两个测试面结构的混凝土强度检测。

（1）现场测试：

①抽样：

a.单个构件检测。当按单个构件检测时，每个构件上的测区数不应少于

10个。

b.按批抽样检测。对同批构件按批抽样检测时，构件抽样数不少于同批构件的30%，且不少于10件，每个构件测区数不应少于10个。

作为按批检测的构件，其混凝土强度等级、原材料与配合比、成型工艺、养护条件及龄期、构件种类、运行环境等需基本相同。

c.小构件。对于长度小于或等于2m的构件，其测区数量可适当减少。但不少于3个。

②测区要求。测区布置在构件混凝土浇筑方向的侧面；测区均匀分布，相邻两测区的间距不宜大于2m；测区避开钢筋密集区和预埋件；测区尺寸为200mm×200mm；测试面应清洁、平整、干燥，不应有接缝、饰面层、浮浆和油垢，并避开蜂窝、麻面部位，必要时可用砂轮片清除杂物并磨平不平整处，擦净残留粉尘。

③测试顺序。结构或构件的每一测区，先进行回弹测试，后进行超声测试（如先进行超声波测量，则在测试面上涂抹的黄油会影响到回弹测试）。

非同一测区内的回弹值及超声声速值在计算混凝土强度换算值时不能混用。

④回弹值测量。回弹测试、计算及角度与测试面的修正方法同回弹法。值得注意的是，该方法的同一回弹测区在结构的两相对测试面对称布置，每一面的测区内布置8个回弹测点，两面共16个测点。另外，超声回弹综合法的强度曲线是以声速、回弹作为主要参数，不考虑碳化深度的影响。

（2）强度计算及修正：

①建立专用测强曲线。结构或构件测区混凝土强度换算值根据修正后的测区回弹值及修正后的测区声速值优先采用专用测强曲线推算。

②结构或构件混凝土强度推定值的计算。各测点混凝土抗压强度换算值求得后，按验收容量（测区数量）的大小，参照回弹法评定结构或构件混凝土抗压强度推定值的方法，计算被检验混凝土的抗压强度推定值，评定被检混凝土质量是否满足结构设计要求。

4.钻芯法检测混凝土强度

（1）原理及适用范围。取芯法是一种半破损的混凝土强度检测方法，它通过在结构物上钻取芯样并在压力试验机测得被测结构的混凝土强度值。该方法结果准确、直观，但对结构有局部损坏。

水利水电行业所涉及的工程是闸、坝大体积混凝土，其最大骨料粒径达80～150mm，所以取芯宜尽量钻取较大直径的芯样。目前，对于闸、坝大体积混凝土规定芯样最小直径为150mm，对于最大骨料粒径40mm以下的混凝土可采用直径100mm的芯样。

（2）仪器设备及取样方法。钻取4200及其以上直径的芯样需采用专用钻机取样，由专业施工机构完成。以下介绍的仪器设备和取样方法是指钻取ϕ100～ϕ150直径芯样所采用的仪器设备和方法。

①仪器设备。目前国内外生产的取芯机有多种型号，取芯的设备一般采用体积小、质量轻、电动机功率在1.7kW以上、有电器安全保护装置的钻芯机。芯样加工设备包括岩石切制机、磨平机、补平器等。钻取芯样的钻头采用人造金刚石薄壁钻头。

其他辅助设备有冲击电锤、膨胀螺栓、水冷却管、水桶，用于取出芯样的榔头、扁凿、芯样夹（或细铅丝）等。

②芯样的钻取：

a.钻头直径的选择。钻取芯样的钻头直径不得小于粗骨料最大直径的2倍。

b.确定取样点。芯样取样点应选择结构的非主要受力部位，混凝土强度质量具有代表性的部位，便于钻芯机安放与操作的部位，避开钢筋、预埋件、管线等。用钢筋保护层测定仪探测钢筋，避开钢筋位置布置钻芯孔。

c.钻芯机安装。根据钻芯孔位置确定固定钻芯机的膨胀螺栓孔位置，用冲击电锤钻与膨胀螺栓胀头直径相应的孔，孔深比膨胀管深约20mm。插入膨胀螺栓并将取芯机上的固定孔与之相对套入，旋上并拧紧膨胀螺栓的固定螺母。

钻芯机安装过程中应注意尽量使钻芯钻头与结构的表面垂直，钻芯机底座与结构表面的支撑点不得有松动。接通水源、电源即可开始钻芯。

d.芯样钻取。调整钻芯机的钻速：大直径钻头采用低速，小直径采用高速。开机后，钻头慢慢接触混凝土表面，待钻头刃部入槽稳定后方可加压。进钻过程中的加压力量以电机的转速无明显降低为宜。

进钻深度一般大于芯样直径约70mm（对于直径小于100mm的芯样，钻入深度可适当减小），以保证取出的芯样有效长度大于芯样的直径。

进钻到预定深度后，反向转动操作手柄，将钻头提升到接近混凝土表面，然后停电、停水，卸下钻机。

将扁凿插入芯样槽中用榔头敲打致使芯样与混凝土断开，再用芯样夹或铅丝套住芯样将其取出。对于水平钻取的芯样，用扁螺丝刀插入槽中将芯样向外拨动，使芯样露出混凝土后用手将芯样取出。

从钻孔中取出的芯样在稍微晾干后，做上清晰的标记。若所取芯样的高度及质量不能满足要求，则重新钻取芯样。

结构或构件钻芯后所留下的孔洞应及时进行修补。

钻芯操作应遵守国家有关安全生产和劳动保护的规定，并应遵守钻芯现场安全生产的有关规定。

（3）芯样加工及要求：

①芯样试件加工。芯样试件的高度和直径之比在1～2的范围内。

采用锯切机加工芯样试件时，将芯样固定，使锯片平面垂直于芯样轴线。锯切过程中用水冷却人造金刚石圆锯片和芯样。

芯样试件内不应含有钢筋，如不能满足则每个试件内最多只允许含有2根直径小于10mm的钢筋，且钢筋应与芯样轴线基本垂直并不得露出端面。

锯切后的芯样当不能满足平整度及垂直度要求时，可采用以下方法进行端面加工：在磨平机上磨平；用水泥砂浆（或水泥净浆）或硫磺胶泥（或硫黄）等材料在专用补平装置上补平，水泥砂浆（或水泥净浆）补平厚度不宜大于5mm，硫磺胶泥（或硫黄）补平厚度不宜大于1.5mm。

补平层应与芯样结合牢固，以使受压时补平层与芯样的结合面不被提前破坏。对于轴向抗拉强度试验的芯样只能采取端面磨平的方法。

②芯样试件尺寸要求：

A.芯样试件几何尺寸测量如下：

a.平均直径。用游标卡尺测量芯样中部，在相互垂直的两个位置上，取其两次测量的算术平均值，精确至0.5mm。

b.芯样高度。用钢卷尺或钢板尺进行测量，精确至1mm。

c.垂直度。用游标量角器测量两个端面与母线的夹角，精确至0.19。

d.平整度。用钢板（玻璃）或角尺紧靠在芯样端面上，一面转动板尺，一面用塞尺测量与芯样端面之间的缝隙。

B.芯样尺寸偏差及外观质量有以下情况之一者，不能做强度试验。

a.端面补平后的芯样高度小于1.0D（D为芯样试件平均直径）或大于2.0D；

b.沿芯样高度任一直径与平均直径相差达2mm以上。

c.端面的不平整度在100mm长度内超过0.1mm。

d.端面与轴线的不垂直度超过2° 。

e.芯样有裂缝或有其他较大缺陷。

四、混凝土质量评定与验收

（一）混凝土生产质量水平的评定

混凝土生产质量是以28d龄期、边长为15cm立方体试件的抗压强度作为评定参数。如果设计龄期不是28d，也应提出28d龄期设计强度值作为施工质量控制指标。

现场混凝土生产质量水平是以混凝土抗压强度标准差作为评定参数，该标准差代表一批至少30组抗压强度测值的波动情况，而每一组抗压强度为同一盘混凝土取3个试样的平均抗压强度值。

（二）混凝土施工质量评定与验收

对于水工混凝土设计要求，如强度等级、抗渗等级、抗冻等级、抗拉强度、极限拉伸等，在混凝土质量验收时都需评定是否合格，只有评定全部合格后方能验收。大部分水利水电工程混凝土设计要求只有三项，即抗压强度、抗渗与抗冻等级，因此《水工混凝土施工规范》（DL/T 5144—2015）只规定了抗压强度、抗渗与抗冻等级评定与验收标准。对于特大型与大型水利水电工程，混凝土抗拉强度、极限拉伸等都制订本工程质量评定与验收标准。

水利水电混凝土工程包括大坝、水闸、水电站厂房等建筑物，混凝土抗压强度等评定与验收各不相同，如常规混凝土大坝工程执行《水工混凝土施工规范》（DL/T 5144—2015），碾压混凝土大坝工程执行《水工碾压混凝土施工规范》（DL/T 5112—2021），水闸工程执行《水闸施工规范》（SL27—2014）等。

1.混凝土抗压强度评定与验收

混凝土抗压强度合格评定标准主要是对验收批混凝土抗压强度平均值与最小值有要求，各种规范的要求是不同的。

2.混凝土抗渗与抗冻等级评定与验收

《水工混凝土施工规范》（DL/T 5144—2015）规定，混凝土设计龄期抗渗检验应全部满足设计要求，抗冻检验的合格率不应低于80%，也就是抗冻等级检验结果达到抗冻设计要求，应不小于80%。

《水工碾压混凝土施工规范》（DL/T 5112—2021）规定，碾压混凝土抗渗、抗冻检验的合格率不应低于80%。该规范对抗渗等级合格评定标准比《水工混凝土施工规范》（DL/T 5144—2015）的有所降低。

3.混凝土抗拉强度与极限拉伸值评定与验收

一般来说，混凝土抗拉强度与极限拉伸抽检组数较少，大型水利水电工程对混凝土抗拉强度与极限拉伸值都有设计要求，并要求每组混凝土抗拉强度与极限拉伸抽检结果均满足设计要求。

第六节 特种混凝土的试验与检验

一、膨胀混凝土

水工建筑物使用膨胀混凝土的目的是提高混凝土的抗裂性，防止混凝土裂缝，起补偿收缩作用。在有约束的条件下，如坝基强约束区可能产生较大的拉应力而裂缝，因此需要在温降时能产生膨胀的补偿收缩混凝土。还有导流洞及导流底孔的封堵，按传统的方法需埋设冷却水管强迫冷却，之后进行接触灌浆。采用掺延迟性膨胀剂，做到在混凝土缓慢冷却收缩时产生膨胀，以保证新浇混凝土与周壁的黏结，防止沿接缝漏水。

膨胀剂有两大类：一类是化学反应速度快，膨胀在3～5d就基本完成，不再膨胀，如生成钙矾石及$Ca(OH)_2$类的膨胀剂，而在大体积混凝土温降需要膨胀时（一般在7d以后）反而不膨胀了；另一类是延迟性膨胀剂，膨胀是逐步发展的，可延迟很长时间，但到一年后，膨胀量逐渐衰减，直至停止，如轻烧氧化镁。为了长久的安定性，应严格控制胶凝材料中总的MgO含量不应超过5%，当粉煤灰掺量超过30%时，可放大到6%。

由于控制了MgO含量，掺有大量粉煤灰的混凝土中在某一特定的龄期内，往往膨胀量不能完全满足补偿收缩的目的，故有时采用钙矾石类的膨胀剂（如UEA、AEA）与外掺MgO复合的膨胀剂，或采用过烧的CaO与外掺MgO复合的膨胀剂，效果比较好。

大体积混凝土测试混凝土的膨胀量，应采用测自身体积变形的方法，不宜采用工民建钢筋混凝土工程采用的限制膨胀率法。

（1）目前我国对MgO膨胀剂尚无国家规范，只有行业标准，即《水利水电工程轻烧氧化镁材料品质技术要求》。物化控制指标为：①MgO含量≥90%（纯度）；②活性指标：240±40s；③CaO含量<2%；④细度0.08mm方孔筛筛余≤3%；⑤烧失量≤4%；⑥SiO_2含量<4%。

（2）生产质量控制要求：①活性指标：控制稳定性，每60t为一检验单位，连续抽样30个测活性指标，要求C_v≤0.1。其他指标每批测一次。②产品出厂，厂家要有各项指标的物化分析报告。③矿石直径控制在50～150mm，未烧透的矿石要剔除。④燃烧温度在1050±50℃。⑤包装要密封防潮，从出厂起保质期为6个月。

对于复合性的膨胀剂，目前我国尚无质量控制标准。但其物理性能应满足《混凝土膨胀剂》（JC476—1998）的要求。

UEA、AEA等钙矾石类的膨胀剂掺量为8%～12%，过烧氧化钙（CaO）也是一种膨胀剂，其掺量宜为3%～5%。掺膨胀剂的混凝土在配合比确定后，应先在室内成型测试混凝土力学性能及自身体积变形，求得不同龄期混凝土的膨胀率。施工浇筑时，对于重要部位应埋设无应力计。对于堵头混凝土，接缝处还应埋设测缝计，以观测掺膨胀剂后的实际效果。

二、喷射混凝土

喷射混凝土主要用在地下工程、边坡加固、基坑护壁、结构物修复及防护工程。由于其成型工艺特点，喷射混凝土应掺速凝剂。

速凝剂是能使混凝土或砂浆迅速凝结硬化的外加剂。喷射混凝土可分为干喷法及湿喷法两种，过去多用干喷法，近年来由于湿喷机的发展，湿喷法逐步推广。湿喷法有利于环保及工人健康，应大力推广，掺量为水泥质量的3%～6%。

喷射混凝土的水灰比一般在0.4～0.5范围，由于速凝，早期具有较高的抗压和抗拉强度。现场检验是从事先做成的35cm×45cm×12cm的大框内喷射混凝土，之后切割成10cm×10cm×10cm的试件，测试抗压、抗拉等力学性能。如测喷射混凝土与岩石间的黏结力，则在35cm×45cm×12cm的模型大板下垫5cm厚的岩板，喷射混凝土后，切割成要求形状测黏结力，也可用试验钻在现场钻取样。如用42.5水泥一般28d抗压可达40～50MPa，抗拉（劈裂法）可达3.5～5.0MPa。与岩石的黏结强度（劈裂法）可达1.5～2.5MPa。弹性模量与普通混凝土相似。如用普通水泥，喷射混凝土的抗冻良好，在经过200次冻融循环后，试件的强度及质量变化不大，强度降低率最大的为11%。其抗渗标号一般都大于0.7MPa。

湿喷法宜采用湿喷机，并使用液体速凝剂。湿喷产生的粉尘及回弹率较干喷的少。液体速凝剂尚没有国家或行业标准，目前可参照干粉速凝剂的标准。液体速凝剂的密度为1.35～1.50g/cm^3，掺量由试验决定。

喷射混凝土宜用中砂，粗骨料粒径不宜大于20mm。常用配合比为水泥：砂：石=1：2：2或1：2.5：2。水泥用量一般为300～400kg/m^3。喷射完后2～4h应开始喷水养护，养护时间不少于10d。

三、钢纤维喷射混凝土

钢纤维喷射混凝土是一种采用喷射法施工的典型复合材料。目的是改善喷射混凝土的性能，如抗拉强度、抗弯强度、抗冲击强度、抗裂性和韧性。

喷射混凝土常用的钢纤维直径为0.25～0.4mm，长度为20～30mm，长径比一般为60～1000端头带弯钩的钢纤维具有较高的抗拔强度，当比平直的纤维掺量少时，也能获得相同性能的喷射混凝土。

一般采用32.5或42.5的普通硅酸盐水泥，1米3混凝土水泥用量为400kg/m^{2}左右。粗骨料最大粒径宜为10mm，以保证有良好的力学性能。细骨料宜用中砂。配合比为水：砂：石一般为1：2：2。钢纤维掺量约为80～100kg/m^3（或钢纤维占混凝土体积的1%～2%）。喷射时应掺速凝剂。掺钢纤维后比不掺的抗压强度可提高50%，抗拉、抗弯、抗冲击及韧性均有显著提高。

四、泵送混凝土

由于我国商品混凝土发展迅速，在城市建设中泵送混凝土的发展更快。目前泵送水平距离可达400～600m，垂直高度可达60～110m，单泵输送能力可达90m³/h。泵送混凝土的坍落度不应小于8cm，不宜大于20cm。细骨料宜采用中砂，通过0.315mm筛孔的砂不应少于15%，通过0.161mm筛孔的砂不应少于5%。粗骨料最大粒径与输送管径之比：泵送高度在50m以下时，不宜大于1：3.0～1：2.5；泵送高度在50～100m时，宜为1：3～1：4；泵送高度在100m以上时，宜为1：4～1：5。粗骨料应采用连续级配，针片状颗粒含量不宜大于10%。泵送混凝土应掺用泵送剂或缓凝高效减水剂，宜掺适量粉煤灰。泵送混凝土的配合比设计除必须满足设计要求的强度与耐久性要求外，尚应满足可泵性要求。其水灰比不宜大于0.6，砂率宜为38%～45%，最小水泥用量宜为300kg/m³，掺用引气剂时，含气量不宜大于5%。

在正式泵送混凝土前，应先用同水灰比或缩小0.03水灰比的水泥浆或水泥砂浆湿润料斗、活塞及输送管的内壁等部位。泵送用的混凝土如坍落度太小，不得在料斗中加水，宜加化成高浓度溶液的高效减水剂。泵的管道常会发生堵塞现象，堵塞几乎完全是由于摩阻力过大引起的。为了防止堵塞，必须从混凝土配合比、原材料选择、外加剂选用、合理的配管和输送以及施工工艺、施工速度等全面考虑。

泵送剂与缓凝高效减水剂都能大幅度提高混凝土的流动性能。泵送剂除有减水及缓凝成分外，还含有适量的保水剂，也称增稠组分。增稠组分有分子量为1万～5万的聚乙烯醇、聚乙烯吡啶、聚甲基丙烯酸盐、羧甲基羟乙基纤维素及明胶等。

五、水下混凝土

水下混凝土适用于围堰、水下建筑物局部破坏后的修补、防渗墙和墩台基础等工程（不宜在动水流速大于1m/s情况下采用）。水下混凝土应有水下不分离性、自流平密实性、低泌水性及适当的缓凝性。水下混凝土的施工除应按设计要求进行外，并应有专门的操作规程。

采用导管法施工时，应遵守下列规定：

（1）导管的数量与位置应根据浇筑范围和导管作用半径确定。一般导管的作用半径不大于3m。

（2）在浇筑过程中，导管只应上、下升降，不得左右移动。

（3）开始浇筑时，导管底部应接近地基面5～10cm，并应尽量安置在地基的低洼处。

（4）混凝土的粗骨料的最大粒径不得大于导管内径的1/4或钢筋净间距的1/4，亦不宜超过6cm；坍落度以16～20cm为宜，开始时可较小，结束时酌量放大，以使混凝土表面能自动坍平。砂率应较一般混凝土提高4%～6%，水灰比宜小于0.55。

（5）浇筑过程中，导管应经常充满混凝土，并应保持导管插入已浇筑的混凝土内，以使混凝土与水隔离。

（6）如混凝土供应因故中断，应设法防止管内出空。如中断时间较长，则应待已浇混凝土的强度达到2.5MPa及清理混凝土表面软弱部分后，才允许继续浇筑。

（7）待浇区的基础应清理干净，旁侧岸坡应稳定。水下混凝土施工应有详尽的施工记录。

水下混凝土应有较大的内聚力，不易离析，故应掺用水下不分离混凝土外加剂。水下不分离外加剂的增稠组分可分为丙烯酸和纤维素两类。丙烯酸类的组分有聚丙烯酰胺部分水解物、丙烯酰胺、丙烯酸共聚物，纤维素类有羟乙基甲基纤维素、羟乙基纤维素、羟基丙酰甲基纤维素等。掺量为水泥用量的0.15%～1%。纤维素类有缓凝性，掺量不宜太大。另外还应掺减水剂，如萘磺酸盐甲醛缩合物、三聚氰胺磺酸盐等，以提高混凝土的流动性。掺水下不分离外加剂时，掺量较低时混凝土强度有些提高，达到一定掺量后强度不再增加，甚至降低。

六、高流态混凝土

在水工混凝土施工中，有些工程部位断面小，人员不能进去振捣，如小于30cm厚的隧洞衬砌往往需要采用能自行密实的混凝土，高流态混凝土即可满足这一要求。高流态混凝土是指先不加减水剂的预拌混凝土，坍落度为8～12cm，运到浇筑地点后再加入流化剂（即高效减水剂），这就是常说的“后掺法”，搅拌后坍落度增加到20cm以上，倒入模型内，能像水一样地流动，自行密实，并有较好的抗离析性，这种混凝土叫高流态混凝土。配制高流态混凝土的关键材料是流化剂，也即高效减水剂，这种减水剂几乎对混凝土没有缓凝作用，有很低的引气性，可以大量掺用，可用调整掺量来调节混凝土的流化效果。

高流态混凝土技术要求及特性：

（1）流动性好，坍落度在20cm以上，能像水一样地流动，可以采用泵送浇筑，不需振捣。可省能、省力，减少噪声。可大量减少用水量；如保持水灰比相同，可大幅减少水泥用量。

（2）如保持水泥用量不变，也不损害混凝土的可泵性，可以大幅度地降低水灰比，从而可达到增强、耐久、不透水等方面性能良好的混凝土。

（3）具有良好的抗离析性，坍落度扩展后的中心部分粗骨料不宜偏多，边缘部分浆体及游离水不宜偏多。

（4）凝结时间除有特殊要求外，原则上不得大于20h。养护28d抗压强度应大于25MPa。高流态混凝土的配制遵循常态混凝土的一般原则，首先需根据强度要求确定水灰比，水灰比不宜大于0.55；根据浇筑地点要求的坍落度（≥20cm）确定用水量；选用较大的砂率，砂细度模数宜用中偏细砂；粗骨料最大粒径宜用15mm或20mm或25mm；粗骨料容积以0.62～0.63m^3/m^3为宜，混凝土含气量可控制在3%～5%。高流态混凝土之所以要用“后掺法”，主要是因为高效减水剂坍落度损失快，早掺了，待运至浇筑地点后，混凝土的流动性难以满足要求。但随着科技进步，有些高效减水剂的坍落度损失很小，可以采用在拌和时加流化剂而不采用“后掺法”，以减少施工困难。

参考文献

[1]左建，温庆博，孔庆瑞.工程地质及水文地质[M].北京：中国水利水电出版社，2020.

[2]伍玩秋，陈刚，付德彦.水利水电工程勘测设计施工与水文地质[M].长春：吉林科学技术出版社，2020.

[3]程令章，马文波.水文地质勘测与水利水电施工技术研究[M].长春：东北师范大学出版社，2019.

[4]张兵，史洪飞，吴祥朗.水利水电工程勘测设计施工管理与水文环境[M].北京：北京工业大学出版社，2020.

[5]师明川，王松林，张晓波.水文地质工程地质物探技术研究[M].北京：文化发展出版社，2020.

[6]张思梅，李慧中，陈伟.建筑材料与检测[M].武汉：华中科技大学出版社，2023.

[7]曹京京.建筑材料检测综合实训[M].北京：中国水利水电出版社，2022.

[8]邓中俊，杨玉波，赵文波，等.水工建筑物检测与诊断技术及应用[M].北京：中国水利水电出版社，2019.

[9]李梅华，吕桂军.土石坝设计与施工[M].北京：中国水利水电出版社，2021.

[10]任夫全，苏建伟，马晓琳.白沙水库大坝综合安全评价的研究与思考[M].郑州：黄河水利出版社，2020.

[11]高福平，丁慧峰，智永明，等.土石坝物理场感知与数值模拟[M].南京：河海大学出版社，2019.

[12]郭磊，陈守开.碾压混凝土坝温度控制及快速施工防裂方法研究[M].北京：中国水利水电出版社，2019.

[13]蔡一飞，韩云峰，梅伟.水工金属结构理论与应用研究[M].长春：吉林大学出版社，2019.

[14]辽宁省水利水电科学研究院有限责任公司.水工混凝土雷达法检测应用技术规程[M].郑州：黄河水利出版社，2020.

[15]李林，刘鲁强，陈建国.水工建筑物新材料及高效施工技术[M].北京：中国水利水电出版社，2019.

[16]马志登.水利工程隧洞开挖施工技术[M].北京：中国水利水电出版社，2020.

[17]王增平.水利水电设计与实践研究[M].北京：北京工业大学出版社，2022.

[18]屈风臣，王安，赵树.水利工程设计与施工[M].长春：吉林科学技术出版社，2022.

[19]夏祖伟，王俊，油俊巧.水利工程设计[M].长春：吉林科学技术出版社，2021.

[20]贺芳丁，从容，孙晓明.水利工程设计与建设[M].长春：吉林科学技术出版社，2020.

[21]翟作卫，华杰，江姝瑶.城市水利工程设计与管理实务[M].武汉：华中科学技术大学出版社，2022.

[22]王玉梅.水利水电工程管理与电气自动化研究[M].长春：吉林科学技术出版社，2021.

[23]天明教育全国二级建造师资格考试研究组.水利水电工程管理与实务[M].开封：河南大学出版社，2020.

[24]潘晓坤，宋辉，于鹏坤.水利工程管理与水资源建设[M].长春：吉林人民出版社，2022.

[25]张长忠，邓会杰，李强.水利工程建设与水利工程管理研究[M].长春：吉林科学技术出版社，2021.

[26]曹刚，刘应雷，刘斌.现代水利工程施工与管理研究[M].长春：吉林科学技术出版社，2021.

[27]赵静，盖海英，杨琳.水利工程施工与生态环境[M].长春：吉林科学技术

出版社，2021.

[28]张燕明.水利工程施工与安全管理研究[M].长春：吉林科学技术出版社，2021.

[29]万玉辉，张清海.水利工程施工安全生产指导手册[M].北京：中国水利水电出版社，2021.

[30]韩世亮.水利工程施工设计优化研究[M].长春：吉林科学技术出版社，2021.

[31]刘军，刘家文.水利工程施工安全生产标准化工作指南[M].南京：河海大学出版社，2021.

[32]王宇，唐春安.普通高等教育十四五规划教材工程水文地质学基础[M].北京：冶金工业出版社，2021.

[33]马建军，黄林冲，陈万祥.工程地质与水文地质[M].广州：广州中山大学出版社，2021.

[34]梁耀平.工程水文地质条件分析与防治水技术应用[M].北京：北京工业大学出版社，2021.

[35]木林隆，赵程.面向可持续发展的土建类工程教育丛书基坑工程[M].北京：机械工业出版社，2021.

[36]李明东，张京伍.土木工程毕业设计指导书基坑工程方向[M].南京：河海大学出版社，2021.

[37]史志鹏，何婷婷.工程水文与水利计算[M].北京：中国水利水电出版社，2020.